国家出版基金项目
NATIONAL PUBLICATION FOUNDATION

A Genealogy of Industrial Design in China: Light Industry Ⅱ

工业设计中国之路

轻工卷（二）

俞海波　编著

大连理工大学出版社

图书在版编目(CIP)数据

工业设计中国之路. 轻工卷. 二 / 俞海波编著. —
大连：大连理工大学出版社，2017.6
ISBN 978-7-5685-0743-1

Ⅰ. ①工… Ⅱ. ①俞… Ⅲ. ①工业设计—中国②轻工
业—工业设计—中国 Ⅳ. ①TB47②TS

中国版本图书馆CIP数据核字（2017）第052376号

出版发行：大连理工大学出版社
　　　　　（地址：大连市软件园路80号　邮编：116023）
印　　刷：上海利丰雅高印刷有限公司
幅面尺寸：185mm×260mm
印　　张：13.5
插　　页：4
字　　数：311千字
出版时间：2017年6月第1版
印刷时间：2017年6月第1次印刷
策　　划：袁　斌
编辑统筹：初　蕾
责任编辑：初　蕾　裘美倩　张　泓
责任校对：仲　仁
封面设计：温广强

ISBN 978-7-5685-0743-1
定　　价：215.00元

电　话：0411-84708842
传　真：0411-84701466
邮　购：0411-84708943
E-mail：jzkf@dutp.cn
URL：http://dutp.dlut.edu.cn

本书如有印装质量问题，请与我社发行部联系更换。

编
委
会

总序

　　面对西方工业设计史研究已经取得的丰硕成果，中国学者有两种选择：其一是通过不同层次的诠释，使其成为我们理解其工业设计知识体系的启发性手段，毋庸置疑，近年中国学者对西方工业设计史的研究倾注了大量的精力，出版了许多有价值的著作，取得了令人鼓舞的成果；其二是借鉴西方工业设计史研究的方法，建构中国自己的工业设计史研究学术框架，通过交叉对比发现两者的相互关系以及差异。这方面研究的进展不容乐观，虽然也有不少论文、著作涉及这方面的内容，但总体来看仍然在中国工业设计史的边缘徘徊。或许是原始文献资料欠缺的原因，或许是工业设计涉及的影响因素太多，以研究者现有的知识尚不能够有效把握的原因，总之，关于中国工业设计史的研究长期以来一直处于缺位状态。这种状态与当代高速发展的中国工业设计的现实需求严重不符。

　　历经漫长的等待，"工业设计中国之路"丛书终于问世，从此中国工业设计拥有了相对比较完整的历史文献资料。丛书基于中国百年现代化发展的背景，叙述工业设计在中国萌芽、发生、发展的历程以及在各个历史阶段回应时代需求的特征。其框架构想宏大且具有很强的现实感，内容涉及中国工业设计发展概论、轻工业产品、交通工具产品、重工业装备产品、电子与信息产品、工业设计理论探索等，共计9卷，其意图是在由研究者构建的宏观整体框架内，通过对各行业代表性的工业产品及其相关体系进行深入细致的梳理，勾勒出中国工业设计整体发展的清晰轮廓。

　　要完成这样的工作，研究者的难点首先在于要掌握大量的一手的原始文献，但是中国工业设计的文献资料长期以来疏于整理，基本上处于碎片化状态，要形成完整的史料，就必须经历艰苦的史料收集、整理和比对的过程。丛书的作者们历经十余年的积累，在各个行业的资料收集、整理以及相关当事人口述历史方面展开了扎实的工作，其工作状态一如历史学家傅斯年所述："上穷碧落下黄泉，动手动脚找东西。"他们义无反顾、凤凰涅槃的执着精神实在令人敬佩。然而，除了鲜活的史料以外，中国工业设计史写作一定是需要研究者的观念作为支撑的，否则非常容易沦为中国工业设计人物、事件的"点名簿"，这不是中国工业设计历史研究的终极目标。丛书的作者们以发现影响中国工业设计发展的各种要素以及相互关系为逻辑起点并且将其贯穿研究与写作的始终，从理论和实践两个方面来考察中国应用工业设计的能力，发掘了大量曾经被湮没的设计事实，贯通了工程技术与工业设计、经济发展与意识形态、设计师观念与社会需求等诸多领域，不将彼此视作非此即彼的对立，而是视为有差异的统一。

在具体的研究方法上，丛书的作者们避免了在狭隘的技术领域和个别精英思想方面做纯粹考据的做法，而是采用"谱系"的方法，关注各种微观的事实，并努力使之形成因果关系，因而发现了许多令人惊异的新的知识点。这在避免中国工业设计史宏大叙事的同时形成了有价值的研究范式，这种成果的产生不是一种由学术生产的客观知识，而是对中国工业设计的深刻反思，保持了清醒的理论意识和强烈的现实关怀。为此，作者们一直不间断地阅读建筑学、社会学、历史学、技术史、工程哲学乃至科学哲学方面的著作，与各方面的专家也保持着密切的交流和互动。研究范式的改变决定了"工业设计中国之路"丛书不是单纯意义上的历史资料汇编，而是一部独具历史文化价值的珍贵文献，也是在中国工业设计研究的漫长道路上一部里程碑式的著作。

工业设计诞生于工业社会的萌发和进程中，是在社会大分工、大生产机制下对资源、技术、市场、环境、价值、社会、文化等要素进行整合、协调、修正的活动，并可以通过协调各分支领域、产业链以及各利益集团的诉求形成解决方案。

伴随着中国工业化的起步，设计的理论、实践、机制和知识也应该作为中国设计发展的见证，更何况任何社会现象的产生、发展都不是孤立的。这个世界是一个整体，一个牵一丝动全局的系统。研究历史当然要从不同角度、不同专业入手，而当这些时空（上下、左右、前后）的研究成果融合在一起时，自然会让人类这种不仅有五官、体感，而且有大脑、良知的灵魂觉悟，这个社会发展的动力还带有本质的观念显现。这也可以证明意识对存在的能动力，时常还是巨大的。所以，解析历史不能仅从某一支流溯源，还要梳理历史长河流经的峡谷、高原、险滩、沼泽、三角洲乃至大海海床的沉积物和地层剖面……

近年来，随着新的工业技术、科学思想、市场经济等要素的进一步完善，工业设计已经被提升到知识和资源整合、产业创新、社会管理创新乃至探索人类未来生活方式的高度。

2015 年 5 月 8 日，国务院发布了《中国制造 2025》文件，全面部署推进由"中国制造"到"中国创造"的战略任务，在中国经济结构转型升级、供给侧改革、提升电子生活质量的过程中，工业设计面临着新的机遇。中国工业设计的实践将根据中国制造战略的具体内容，以工业设计为中国"发展质量好、产业链国际主导地位突出的制造业"的支撑要素，伴随着工业化、信息化"两化融合"的指导方针，秉承绿色发展的理念，为在 2025 年中国迈入世界制造强国的行列而努力。中国工业设计史研究正是基于这种需求而变得更加具有现实意义，未来中国工业设计的发展不仅需要国际前沿知识的支撑，也需要来自自身历史深处知识的支持。

我们被允许探索，却不应苟同浮躁现实，而应坚持用灵魂深处的责任、热情，以崭新的平台，构筑中国的工业设计观念、理论、机制，建设、净化、凝练"产业创新"的分享型服务生态系统，升华中国工业设计之路，以助力实现中华民族复兴的梦想。

理想如海，担当作舟，方知海之宽阔；理想如山，使命为径，循径登山，方知山之高大！

柳冠中

2016 年 12 月

序言

　　摄影术始于1839年的法国,之后风靡欧洲和北美洲。1844年,一批法国人乘船来到中国,用携带的各种照相器材为两广总督及广州、福州、厦门、宁波、上海五处通商口岸的清政府官员们拍摄肖像,并在澳门和香港拍摄风景照片。这些事件标示着摄影术及照相机等器材传入中国。之后,摄影逐渐成为中国人日常生活的重要组成部分。1860年前后,上海及南方多省开设了照相馆,为普通人留影。大家感到照相不仅真实地记录了人的形象,而且较之画人像价格便宜、方便快捷,一时间画师们纷纷改行从事摄影行业。南方沿海地区的照相馆开始向内陆地区扩张,主要是到重庆、昆明、天津、武汉等地开设照相馆。由于开照相馆有利可图,因此北京的照相馆发展极快。1903年,皇宫内还设有御用摄影师,为慈禧及宫眷拍摄照片。1911年前后,中国几乎每个县都有一个照相馆,个别交通不便的地区除外,此外还活跃着流动的照相人员为人们拍照留念。据此可以认为摄影活动并非单纯是摄影人员的"专业艺术活动",更多的是一种由大众参与的"自我欣赏活动",通过运用光影、色调使被拍摄者留下美好的影像,具有岁月年华留痕、全家团聚祥和、思念远方亲人等各种功能。

　　虽然拥有了约2 000家照相馆,15 000余名从业人员,但当时使用的照相器材除了木制机座、小型环形照相机以及一部分干版、照相纸之外,几乎都依赖进口。1933年至1949年,平均每年进口约5 000台照相机,主要品牌是德国的罗莱、徕卡,美国的柯达,苏联的卓尔基、基辅,日本的尼康、佳能、美能达,还有无数的各类小品牌产品。

　　中国国产照相机的研发设计几乎是在没有产业基础上起步的。中华人民共和国成立之初,由于有太多重大项目需要建设,在规划国民经济发展的第一个五年计划时没有关注到照相机工业。直到1956年,北京、天津的私营制造厂开始自发研制和设计照相机,当时主要关注的是低端简易的设计。因为是工厂自发的设计活动,所以研发资金、技术配套及批量生产均受到限制，虽然留下了一些产品和品牌，作为中华人民共和国成立初期的第一批照相机，但从产品设计的角度来看还是有明显的缺陷。

1958 年 3 月，上海多家工厂开始抽调力量集中攻关研发照相机，同时杭州、南京、广州等地的研发工作也开始起步。由于抽调的都是精兵强将，而且组织保障有力，配套协作充分，再加上资金保障，上海牌 58-I 型高级照相机研发设计成功，以此为标志迎来了中国照相机设计的新时代。同时，其他地方也有 135 型、120 型照相机诞生，但总体来讲属于普及型产品。

高级照相机由于价格昂贵决定了其不可能被普通百姓所接受，但积累的技术、设计及生产经验却可为研究设计中档照相机之用。1957 年至 1979 年，中国累计生产照相机 370 万台，以海鸥牌 4A 型系列 120 双镜头反光照相机及一系列轻便、小型照相机为主体的国产照相机成为中国消费市场的主流。20 世纪 70 年代，照相机一度成为衡量生活质量的指标之一。所谓拥有"三转、一响带咔嚓"，其中"咔嚓"就是指照相机，其余分别指"自行车、手表、缝纫机、无线电收音机"。当时的"咔嚓"大部分是以海鸥牌 4A 型系列 120 双镜头反光照相机为代表的同类照相机产品。

20 世纪 80 年代初，日本富士公司的彩色胶卷、彩色相纸及彩色打印设备率先进入中国，随后柯尼尔、柯达、艾克龙等国外品牌的产品相继而来，中国在很短的时间内进入了彩色照相的时代。当时中国照相机的主流产品是单镜头反光照相机与普及型照相机，前者以上海设计生产的海鸥牌 DF 型照相机为代表，后者则以红梅牌、凤凰牌等为代表，使用 135 胶卷，较之 120 相机携带更加便捷，取景更加方便，135 胶卷为 36 张，120 胶卷最多为 16 张。改革开放之后，随着技术信息和人民交流的增多，中国通过引进国外技术及双方合作很快地提升了设计和产品品质。特别需要提及的是光学军工企业在转向民用照相机生产的过程中，一直处于技术领先状态，但由于对市场、品牌及产品后续设计不熟悉，错过了自我发展的良机。

1997年之后，中国照相机生产面临双重压力：其一是国外优质产品抢占中国市场，其技术先进程度领先中国本土产品一代或一代半，在功能上融合了许多电子技术，并且运用塑料制作机身，更加有机，讲究人机工学；其二是受到数码技术的影响，从1981年日本索尼公司首次推出不用胶卷的模拟式电子照相机开始，传统的银盐照相技术逐步受到挑战。1986年，柯达公司发明了世界上第一块电子感光材料（CCD）；1991年，试制成功世界第一台数码相机；1994年，推出全球第一款商用数码相机DC40。遗憾的是，在这个阶段中国照相机生产一直缺位。

纵观中国照相机设计的历史，其具有如下特征。

1. 以技术为先导的产品设计

较之其他工业产品，照相机的技术溢出效应更显著。由于其结构的精密度、材料加工形成的质感以及机械操作形成的多种可能性，形成的技术逻辑往往与设计逻辑互相重合，即在完成技术设计的同时也完成了与造型相关的肌理外观设计。更重要的是，这种技术逻辑还为使用者营造了一种神秘的语境，影响操作者的使用心理，使其对产品的技术设计具有敬畏感。机械照相机的使用者必须经过反复训练、尝试才能懂得照相机的基本原理，才能掌握照相机的使用方法，再加上艺术修养的培养才能成就最后的作品。因此可以认为，机械照相机的使用者必须在储备多种知识之后才能熟练地使用产品。如果想达到人机一体的境界，则需要完成从认知产品、发挥技术、光影构图到感觉捕捉的完整过程。机械照相机由于光圈大小、快门速度的配合实现了成像效果的丰富性和复杂性，因而也激发了使用者的创作欲望。

2. 品牌跟随型设计

在成熟的产品消费市场中，某一类产品肯定有市场的领跑者，储备了核心技术并善于协同合作的品牌占有了较大的市场份额。除此之外，还有市场的跟随者，其特征是不具备核心技术，市场份额较小，利用区域市场优势销售产品。但是，在产品品牌形象方面，它们会追随市场的领跑者。

在中国照相机设计的鼎盛时期，市场概念尚未成熟。当时，中国计划经济体制要求每个省都能够建立独立的工业体系，加之中国照相机市场领跑者产量不足，不能满足全国市场的消费需求，因此一大批虽然品牌不同，但都是由一套制作图纸指导生产的产品应运而生。这些品牌产品为了降低售价，简化了一些设计，降低了材料标准，其外观也几乎没有差别。以海鸥牌4型系列和海鸥牌DF型单反相机为代表，当时中国照相机行业生产了一大批同类产品。

3. 产品优化型设计

在中国照相机生产相对成熟的情况下，一些新建的照相机工厂一方面接受了以上海照相机厂为代表的技术转移和产品转移，另一方面也冷静地进行了产品设计策略的思考，由此做出了市场细分的决策。江苏常州红梅照相机厂开始以上海的便携式相机设计方案组织生产，后来在沈鸿先生的指导下开发出塑料机身的便携式照相机。沈鸿先生是中国第一台万吨水压机的设计及试制的直接领导者和设计师，多年设计经验的积累使他对民用产品的市场效应及销售价格十分关注，同时对于美国机械产品设计的信息也十分熟悉。他提出基于红梅产品的主要零部件进行各种组合，设计出不同型号的产品，以此建立产品体系，在经过不断优化后推向市场，培养消费者的品牌忠诚度。他的想法为其他品牌的设计树立了榜样，例如，在一些设计和技术能力薄弱的工厂设计生产大众化、低端"傻瓜型"照相机的时候发挥了巨大的作用，与上海的照相机产品形成了良好的互动。

在此需要说明的是：改革开放以后，技术及设计力量相对雄厚的上海照相机行业也在不断优化，但是相比国际同类产品还有差距，特别是技术方面的差距很大，与产品外观相关的材料也有许多不尽如人意之处，因此在与外国产品的竞争中一直处于劣势。当时，国外照相机产品正大步走向电子时代，虽然凤凰牌、海鸥牌照相机均聘请德国著名设计师卢吉·科拉尼进行设计，但这仅是整个产品创造过程中的一个环节，因此中国照相机设计也留下了许多遗憾和反思。

基于上述设计特征，本卷作者首先将中国照相机设计整理成谱系，从中可以看出不同类型产品的源头，同时也清晰表达了设计及产品转移的路线。为了避免本卷成为中国照相机产品的"点名簿"，作者着眼于批量生产的产品，对整个行业具有决定性的产品设计做重点介绍和剖析，基于中国工业设计博物馆及相关收藏家的实物收藏对比文献、图纸进行细微考证，与设计当事人的口述历史资料、地方志及专业杂志记载的内容做比较，据此总结出中国照相机设计的发展脉络。

作者具有工业设计的教育背景及研究经历，因此能够立足于产品设计，关注技术及相关要素对产品设计的影响。同时，作为"狂热"的照相机产品的体验者和使用者，其叙述不仅可以作为中国照相机设计的追忆，更可以为今天的设计提供些许思想的源泉。

沈榆

2016 年 5 月

目录

Shanghai 201:
上海照相机厂1959年生产。镜头为三片三组加膜，焦距75mm，光圈f4.5，六级光圈；镜间快门，速度为B、1/10～1/200秒，共6挡，皮腔以羊皮叠制而成。机身右侧设有测距装置，在拍摄前先拨动手轮测距，然后根据所测数值将镜头焦距刻度调至相应数据再进行拍摄。

Shanghai/Seagull DF:
上海照相机厂于1964年研制生产了"上海DF"照相机之后，于1966年开始批量生产更名为"海鸥DF"的该机型。"海鸥DF"采用四轴式帘幕横向机械快门，闪光同步速度为1/45秒，设有机械自拍；在机身底部设有后盖开启钮，机身左侧设有反光板预升钮，机身右侧设有单次及万次闪光灯同步线插孔，机顶设无触点闪光灯插座。镜头为六片四组双高斯加膜镜头，焦距58mm，光圈f2，七级光圈。

Shanghai/Seagull 203:
上海照相机二厂1962年生产。镜头为三片三组正光镜头，镀浅蓝色增透膜，焦距75mm，光圈f3.5，七级光圈；快门速度为B、1～1/300秒，共十挡。机顶右侧装有简易曝光表；设在镜头上的简易联合装置将光圈和速度盘吻合在联动状态，以指数方式调光时，光圈和速度同时变动，方便了对光圈和速度重组方式的曝光调整。取景窗带有亮框，拨拔式卷片，设有可控式防重拍机构，在需要多次曝光时，可通过强制方式取消防重拍模式。

Seagull DF-1:
上海照相机厂于1969年研制，照相机的基础上加以改进，取触点，闪光同步速度提高到1/6工艺技术较DF型有很大提高。仍刻有102型号标志。

Seagull DF-103

1981 Seagull DF-2 | 1982 Seagull DF-3 | Seagull DF-102A | 1985 Seagull

单镜头反光取景照相机 1964 Shanghai/Seagull DF | 1971 Seagull DF-1 | 1984 Seagull DF-1ETM | 1987 Seagull

1975 Hongmei 202 | 太湖牌 DC-1（302）

1982 菊花牌 202 | 1982 Hongmei 203

折叠式皮腔照相机 1958 Shanghai 58-Ⅲ | 1959 Shanghai 201 | 1960 Shanghai/Seagull 202 | 1962 Shanghai/Seagull 203 | Seagull 203B

1981 Seagull KJ | 1985 Seagull KJ-1

单镜头平视取景照相机 1958 Shanghai 58-Ⅰ | 1958 Shanghai 58-Ⅱ | 1960 Shanghai 7 | 1964 Shanghai 205 | 1965 Seagull 205 | 1986 Seagull 205A

1967 Seagull 501 | 1990 Seagull 2

1989 Seagull 207 | 1990 Seagull

1965 Phoenix 205

1978 Phoenix JG

双镜头反光取景照相机 1961 Shanghai 4 | 1962 Shanghai/Seagull 4 | 1963 Shanghai/Seagull 4A | 1968 Seagull 4A-1

1967 Seagull 4B | 1981 Seagull 4B-2

1967 Seagull 4B-G | 1967 Sea

1974 牡丹牌 MD4 | 1978 牡丹牌 M

1980 华中牌 SFJ-1 | 华

1969 东方/天津牌 F型

1970 环球牌

1975

Shanghai 58-Ⅱ:
上海照相机厂1958年研制。该机型是上海牌58-Ⅰ型照相机的改进型，秉承58-Ⅰ型照相机的优点，将机身后的两个取景窗合二为一，使取景测距合在一个框内。机身加装闪光灯同步插孔。具有1/30秒闪光同步功能。首批产品于1959年9月正式上市，其中500台被送往北京，为庆祝中华人民共和国成立10周年献礼。
该机以39mm×1mm螺纹接口调焦，横走式帘幕焦平面快门，快门速度为T、B、1～1/1000秒，共15挡。在操作上分为快速和慢速两个调控盘，光圈f3.5，六级光圈。

Phoenix 205:
凤凰牌205型照相机是1983年6月由海鸥牌205型照相机更名而来。镜头为四片三组非对称型镜头，镜头调焦与取景器联动测距，镜间快门速度为B、1～1/300秒，有自拍装置。该机后继的205A型照相机采用触点式闪光灯插座，倒片按钮、卷片芯轴也做了改动，为全金属制作，为军队专用照相机，仅少量生产。

Shanghai 4:
上海照相机厂1961年6月开始研制，1962年6月产品成型，同年9月轻工业部组织专家对样机进行鉴定并认定为优质产品。该机采用弹性滚轮自动停片装置，以2.8大口径取景，直读式调焦手柄，整机质量可靠。1963年7月该机型正式投入批量生产，更名为海鸥4型。因此，上海4型只是在1962年10月至1963年6月正式投产前的产品。

Shanghai/Seagull 4
海鸥牌4A型照相机相机厂对上海4型自称上海4A型。随着型。之后不久，厂为4A-1型。在整个细节差别，但基本

Seagull X-300S:
该机是在引进日本美能达X-300型生产线之后生产的一款实用型照相机。此后的海鸥牌DF-300型系列照相机均在此基础上改进生产。

Seagull DF-1000:
上海海鸥照相机有限公司1998年生产。该机属石英电子控制式35mm帘幕快门单反照相机，是海鸥牌DF-2型照相机的更新换代品种。标准镜头，光圈f1.8，焦距50mm，MD卡口，中心裂像式聚焦屏，横走式快门，快门速度B、1～1/1000秒，共12挡，快门释放为电磁释放器。该机设有电子自拍，电子闪光灯为1/60秒，扳把式130°转角卷片，预备角30°，顺算式自动归零器。

Seagull DF-1ETM:
上海照相机总厂于1984年研制生产，1985年投放市场。该机是在海鸥牌DF-1型照相机基础上，移植海鸥牌DF-3型照相机的TTL电子测光系统，改动了结构，以硅光电二极管（SPD）全开光圈测光，集成电路（IC）运算控制，发光二极管（LED）做跳灯显示，是典型的半自动曝光照相机。该机早期称为DF-104型，1986年改换测光接口后称1ETM型。

该机在原DF型座机上增加了热靴，辅助调焦，其卷片扳手内侧

| 1996 Seagull DF-300B | Seagull DF-300H |

Seagull DF-102MC | Seagull V-300D | Seagull DF-777 | Seagull DF-300D | 1996 Seagull DF-5000 | 1999 Seagull DF-1000千禧 | Seagull DF-2000A

X-300 | Seagull X-300S | Seagull DF-300 | 1994 Seagull DF-300G | 1994 Seagull DF-400 | 1998 Seagull DF-1000 | 1999 Seagull DF-2000

Seagull DF-100E | Seagull DF-100DE | 1994 Seagull DF-300X | 1996 Seagull DF-300A | 1995 Seagull DF-400G | Seagull DF-1000A | Seagull K-2000

F-200 | 1993 Seagull DF-200A | 1994 Seagull DF-300XD | Seagull DF-500

1978 Seagull 203-H | Seagull 203-I

1986 Seagull KJ-3 | 1986 Seagull KX | 1988 Seagull C35F

1988 Seagull 88

1985 Phoenix 205B | 1992 Phoenix 205D | 1997 Phoenix 205E

nix 205AS | 1994 Phoenix 205BS | 1994 Phoenix 205DS | 1997 Phoenix 205ES

A-103/105 | Seagull 4A-107 | 2002 Seagull 4A-109

Seagull 4AWWSC-120

Seagull 4C

-1 | 1969 Dalian 4C

中牌 SFJ-3 | 1980 华蓥牌 SF-1

型

牌 120型

嵩山牌 4B型

1977 太湖 牌 4C型

F型 | 1982 友谊牌 4C型

长春牌 120型

Phoenix JG301:
1978年国家仪器仪表工业总局组织江西光学仪器总厂、杭州照相机械研究所等全国八个单位联合设计试制，1980年8月样机通过国家定型鉴定，并通过了批量生产报告，1981年初投放市场。
该机属于我国第一台具有独立知识产权的自动光圈照相机，是平视取景测距照相机的代表产品，采用"针踏式电眼"快门优先、光圈自动的曝光方式，并具有与调焦联动的EE闪光功能。镜头为六片四组，镜间机械快门，双影重合测距。全金属机身，整机重410g。1987年7月，全国照相机产品质量测试评比获同类产品一等奖。

Seagull 4A-109:
上海照相机厂2002年研制生产。该机沿袭海鸥牌4型系列技术特征。具有多次曝光、景深指示表及快门锁，总重986.5g。该机成像质量好，是海鸥牌4型系列最高级版本，但仍未采用电子测光系统。

。1963年初，上海牌照
大旋钮卷片改为摇柄式，
产的此款机型称海鸥牌4A
但外观上并无差别，定名
机做过多处改动，有许多

Seagull 4B:
海鸥牌4B型照相机是海鸥牌4型照相机的改进型产品。该机将海鸥牌4型大旋钮改为小旋钮卷片，并简化了计数装置，改为后盖加装红窗，观窗计数。1967年正式投放市场。在生产过程中，外观有多次改动，但基本结构未变。这款照相机性价比极高，在很长一段时间里市场需求持续增长。

第一章 简易照相机和折叠照相机

第一节　幸福牌简易照相机

一、历史背景

　　天津平和机器修理厂始建于 1946 年，坐落在天津和平区多伦道 92 号，工厂以修理照相机及精密仪器为主。1952 年，厂长刘东林为了响应国家提出的"发展生产，繁荣经济，公私兼顾，劳资两利"的号召，在营业执照上增加"照相机制造"一项，将平和机器修理厂改建成既修理也生产照相机的企业，并向工厂追加投资，开始以德国徕卡Ⅲc 型为蓝本研制照相机。

　　1954 年 9 月 2 日，政务院通过《公私合营工业企业暂行条例》。1956 年 4 月 18 日，平和机器修理厂与万象工艺社、利群工艺社等四家私营企业合并组成天津公私合营照相机厂。

图 1-1　天津平和机器修理厂 1952 年工商登记证

图 1-2　七一牌照相机

1956 年 6 月 28 日，为向中国共产党成立 35 周年献礼，天津公私合营照相机厂参照日本玛米亚 6 型 120 折叠相机，生产出我国第一台标准小型折叠式 120 照相机，并定名为七一牌。

除了镜头的光学玻璃以外，七一牌照相机其他所有零件（480 个）都由该厂自行制造。该照相机采用可换镜头，手动光圈，眼平取景，1/30~1/500 秒自拍掣及闪光同步。七一牌照相机的试制成功开创了中国照相机制造行业独立生产的新局面，标志着我国在精密机械和光学仪器等领域的科学技术综合水平迈上了一个新台阶。

1956 年 7 月 2 日，《天津日报》刊登了七一牌照相机试制成功的新闻，这个消息马上传遍大江南北。时隔几日，英国《泰晤士报》报道："中国已经能制造照相机了，

图 1-3　《天津日报》刊登七一牌照相机试制成功的新闻

图 1-4　《吉林青年报》刊登七一牌照相机试制成功的新闻

不远的将来，照相机市场又会多一个竞争对手。" 新中国能自己制造照相机，这对西方国家来说，确实是一个极大的震动。

至 1958 年年底，由于结构复杂、零件数量多、生产成本过高，再加上工厂的设备状况、技术力量等原因未能形成工业化生产，七一牌照相机仅生产五十多台就停产了。虽然没有投放市场，但其为之后照相机的设计生产积累了宝贵的经验。

在 1956 年 9 月，考虑到七一牌照相机结构的复杂性，面对当时的现实情况，天津公私合营照相机厂的第一任厂领导程根远、李鸿恩与天津第一轻工业局的领导商定准备投产一种简易相机。样品很快就试制成功，定名为幸福牌 I 型并投入生产。

幸福牌 I 型照相机共有三个款式。第一代和第二代的不同之处在于前脸的相机铭牌、装饰图案以及卷片扭。第三代虽与第二代相类似，但是相机表面使用了与第

图 1-5 从左至右：第一代幸福牌 I 型照相机，属早期产品，俗称"花脸"幸福。第二代幸福牌 I 型照相机，特征是速度标牌为白底黑字。第三代幸福牌 I 型照相机，特征是速度标牌为黑底白字。后期生产时，为了降低成本，机身不再贴黑漆布皮饰，而是在外壳上直接喷黑漆

二代相异的材料。幸福牌Ⅰ型照相机坚固耐用、价格低廉且易学易用。

二、经典设计

1. 整体造型

刘东林时任天津公私合营照相机厂技术厂长，他是个不服输的技术专家。为了设计研发幸福牌Ⅰ型照相机，他跑遍了天津的各大商场。当时，德国德累斯顿市的Eho-Altissa 公司生产的 ALTISSA 牌 120 卷片盒式照相机以简单的设计在市场上风靡一时，因此刘东林购买了 ALTISSA 照相机作为设计母本，带领职工们自主研发了幸福牌Ⅰ型 120 定焦距照相机。

幸福牌Ⅰ型照相机的整体设计采用箱式造型。摄影镜头由一大一小两片凸透镜组成，大镜片安装在下端机体外壳上，而小镜片安装在内暗箱体上，眼平取景器安装在箱体上部。从正面看，拍摄镜头与取景镜头对应在一条中心线上。由于幸福牌Ⅰ型照相机的外观很像老式自行车车灯，厂里的师傅风趣地给它取了个绰号叫"车灯式照相机"。该款机型于 1956 年 9 月开始生产，于 1959 年年底停产。虽然照相机的性能不尽如人意，但是在工艺和技术都相对落后的生产环境下，幸福牌Ⅰ型照相机的诞生满足了人们对于日常生活摄影留念的需要，并为该厂未来的照相机研发积累了宝贵经验。

图 1-6　1958 年 8 月，关于幸福牌Ⅰ型照相机的报道，刊登于《大众摄影》

图1-7　老式自行车车灯　　图1-8　幸福牌 I 型　　　图1-9　幸福牌 I 型照相机的牛皮盒套
　　　　　　　　　　　　　照相机的红窗计数孔

　　幸福牌 I 型照相机在设计时采用了"美化"的设计理念，在机身和取景器两大部件之间采用两个三角体作为过渡。事实上，这两个过渡三角体并无实际功能，但是将产品的上端和下端连为一个整体，并且不会因为上端取景器显得太小而造成不平衡的感觉，所以实现了美化产品的效果。幸福牌 I 型照相机的机体和机体内暗箱均由铁皮冲压点焊而成，产品机壳外表用黑漆布粘贴，箱体后部有红窗计数孔，底部设有三脚架螺孔。后期生产的幸福牌 I 型照相机在机身上增加了背带挂环，便于使用者携带。随机附带的牛皮盒套能起到保护照相机的作用，盒套上还凹印"幸福"二字。当时每台产品的成本是 14.50 元，市场售价是 29 元。后期生产的幸福牌 I 型照相机为了简化工艺、降低成本，产品机壳外表只喷了一层黑漆。

2. 细节设计

　　第一代幸福牌 I 型照相机的正面采用中国青铜器纹样作为装饰图案，极富中国特色，但这种图案与产品特性无关。第二代幸福牌 I 型照相机的正面采用由下向上的发射状线条作为装饰，通过光效应图形让使用者对光学产品产生联想，同时又突出了工业化产品简洁和刚性的特点。光圈调节处用白线勾描，并装饰了一个五角星，起到了提示使用者的作用。作为初级产品，能够紧紧把握产品的使用价值并使之具有较强的功能已属难得。同时，幸福牌 I 型照相机还配以适当的感性设计，有效地统一了产品的实用性与审美性，在装饰设计方面也努力体现出产品的特性，这些都

图 1-10 第一代幸福牌 I 型照相机的装饰纹样 图 1-11 第二、三代幸福牌 I 型照相机的装饰纹样

是设计师智慧的结晶。

　　第一代幸福牌 I 型照相机采用书法体的"幸福"二字作为品牌标识，同时，为了与产品正面的饕餮纹相呼应，采用了相同的纹样作为"幸福"二字的底纹。标识的整体造型为弧线形。

　　第二、三代幸福牌 I 型照相机的标识设计保留了第一代的弧线造型，将品牌名称改用一般字体，并在两个汉字中间增加了手写体的拼音"Xingfu"，这样的组合设计与第一代书法加纹样的设计相比更易于识别。

图 1-12 第一代幸福牌 I 型照相机的品牌标识 图 1-13 第二、三代幸福牌 I 型照相机的品牌标识

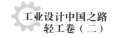
三、工艺技术

幸福牌 I 型照相机是一款箱式照相机，外形简单朴素，面向大众消费者销售。幸福牌 I 型照相机的镜头采用固定焦点，光圈为 f11、f12，快门速度为 B、1/25 秒，是一台简易照相机。至 1959 年，这款照相机共生产了 75 855 台，零售价为 29 元。

在生产过程中，由于技术方面的原因，其镜头采用两片两组凹凸透镜替代扎维尔四片两组培利斯考普快直结构镜头。这种无胶合镜组的光学玻璃产生的不同折射性能，使畸变校正、色差校正与原型机相去甚远。1959 年投入生产的幸福牌 II 型照相机同样采用了两片两组式镜头，单刀式镜间快门，两挡速度，三挡两叶片方框式光圈，大开门装片，由右向左过片，后盖开一红窗。该款早期产品为全金属机身，方框式暗箱。后来为了降低成本，机身改为塑料材质，暗箱改为阶梯形。

四、品牌记忆

1. 日本相机爱好者的小幸福

陆田三郎 1950 年出生于日本埼玉县。20 世纪 90 年代初期在北京工作三年。其间，喜欢上中国制造的照相机，随后多次到访中国，搜集中国古典照相机资料，热衷于使用中国制造的古典照相机进行摄影创作。20 世纪 90 年代起，陆续在日本杂志上发表多篇研究文章和照相机评测报告。2005 年 12 月，对这些文章加以修改和补充，出版了《中国古典相机故事》一书。以下是陆田三郎的回忆。

我是全日本古典相机俱乐部（AJCC）的会员，会在每年的春天和秋天的作品展例会上展出自己的作品。我的摄影水平虽说实在是不敢恭维，但作为俱乐部的一员，我认为很值得感激的一点就是：无论你的摄影技术如何，只要支付规定的展示费，就可以展出自己的作品，而且展出会场位于日本顶级商业街区——东京银座的相机店的美术展览室，这对于我这种平民摄影师来说真是一件令人难以置信的奢侈的事情。

在 2007 年秋天的作品展示中，我展出了用中国制造的幸福牌照相机所拍摄的照

图 1-14　《中国古典相机故事》的中文版封面

片。在展出作品的同时，我决定将照相机的外观照片与之一同展示。在展示会上，有很多会员最初在看到我使用的照相机时会说："哦，是德国的 ALTISSA 吧。"但是，在读到"中国制造的幸福牌照相机"后都会问："啊？还有这个牌子的照相机？"能够让对欧美经典相机无所不知的 AJCC 会员们感到惊叹，这也让我体会到了一点点的快乐。

虽然这是中华人民共和国成立初期制造的简易照相机，但是其使用方法未必"简易"。这是因为在使用之前要先取出照相机内部的胶片盒，装好 120 胶片后再次将这个胶片盒放到照相机里面。这个步骤虽然麻烦，但却是不可省略的。即便如此，作为箱式照相机来说，幸福牌照相机的拍摄效果是非常出色的。我参加 AJCC 作品展的所有作品即便是被放大到 A4 大小，除了周边的地方之外，影像基本没有变得模糊，色彩也没有过度的偏色。说老实话，这款照相机的性能极大地超出了我的预想。

2. 幸福牌照相机曾经留下的痕迹

1959 年，很多杂志都刊登了用幸福牌 I 型照相机拍摄的人物照片，可见当时该机型在市场上受好评的程度。

中国《大众摄影》杂志在 1960 年 4 月刊中介绍了关于幸福牌照相机的近距离摄影法。由于焦距只能调整到 1.6 cm，在拍摄花朵或是麦穗用于邮票图案时就必须在照相机镜头前放上眼镜或者放大镜之类的凸透镜。首先将快门速度调整到 B，在此

图 1-15　1959 年中国部分杂志的封面

图 1-16　1960 年《大众摄影》杂志 4 月刊封面

基础上再在胶片上放置磨砂玻璃或者半透明纸，这样确定好距离后就可以进行拍摄了。

3. 永恒纪念

对于在广东省英红茶场经历了十多年知青生涯的周文德来说，记录自己青春岁月的正是手上的那台幸福牌 I 型照相机。在将其赠予英红知青纪念馆的时候，他曾这样激动地写道："在十多年（1965—1976 年）的知青生涯中，这个幸福牌照相机曾给我留下了难忘的记忆。这一叠泛黄的旧照片，记录过充满朝气、阳光的菜班集体，丰收的黄瓜，茂盛丰产的老茶园以及相伴的相思树，也曾留下姑娘们在矿山、水库边的倩影，记录下在菜地、工棚、桃花树下和三连大院风雨中的知青们的友谊，还

图 1-17　使用幸福牌 I 型照相机拍摄的知青照片

曾记录过山头松树下的景象。最后的作品应该是 1975 年 12 月那场风雪后的知青留影。现在，这个与我相伴四十多年的'好兄弟'有了一个新的归宿——英红知青纪念馆。幸福属于它，也属于广大茶场知青农友！"

五、系列产品

　　早期幸福牌照相机的产品结构、工艺都比较简单。首先，这是为了适应当时生产技术和成本控制的需要，例如，幸福牌 II 型照相机的市场售价仅为 36 元人民币。其次，这是因为设计照相机产品的经验不够丰富，需要解决的技术问题很多，所以无暇顾及造型或者材料方面的优化问题。

图 1-18　幸福牌 II 型照相机早期型号　　　　图 1-19　幸福牌 II 型照相机后期型号

图 1-20　停产前最后一批次的幸福牌 II 型照相机

停产前最后一批次的幸福牌 II 型照相机是在"大跃进"时期生产的，产品正面左上方原商标处换成红旗的图形，其他外观结构均未改变。

第二节　海鸥牌 203 型折叠照相机

一、历史背景

1964 年，经过再次改良上海牌 202 型照相机，上海牌 203 型照相机在上海照相机二厂诞生了。镜头更加明亮、双影重合式对焦、联动式测距仪，附加上胶卷的扳手和简易曝光表等一些最新的功能，可以说这款照相机是中国折叠式照相机的集大成产品之一。它参考了德国的伊康泰照相机和苏联的折叠式照相机 Iskra 等。由于上级指示，照相机品牌不许再使用地名，这款照相机在诞生后不久就更名为海鸥牌 203 型照相机。依据海鸥照相机有限公司的网站资料，从 1964 年到 1977 年，这款照相机的生产数量是 3 111 446 台。另外，这款照相机在 1965 年还出口过。203 型照相机和 202 型照相机相比，外观变化很大：顶盖变平了，照相机的右边安装了上胶卷的扳手，左边是直径约 3 cm 的简易曝光表。上海牌 203 型照相机的顶盖刻有"203 Shanghai

图 1-21　海鸥牌 203 型照相机

上海照相机二厂"的字样。最早的产品上还有上海工厂的标识。海鸥牌 203 型照相机刻有"203 海鸥 Seagull"的字样。"海"字和"鸥"字采用毛笔字体，而且"海"字的上面还有用来开启镜头和蛇腹的按钮。照相机的取景器中间部分是红太阳和海鸥飞翔在天空的商标，两侧分别是四方形的取景器窗口和测距仪窗口。机身各部分都是金属材质的，只有蛇腹部分是合成革的。照相机的后盖上有 6 cm×6 cm 和 6 cm×4.5 cm 两种规格照片的计数窗，用机身内部的遮光板可调整取景器窗口在机身后部中间偏左的位置。

图 1-22　海鸥牌 203 型照相机的细节图

二、经典设计

海鸥牌 203 型照相机的特点在于使用了画面亮度值（LV）。镜身周围的齿状转环上标有从 4 到 17 的数值。在设定好数值后，如果不拔起停止卡的话，数值是固定不变的。在这种状态下，即使转动转环，曝光量也不会被改变，仅仅是 f5.6、1/125 秒的组合变为 f8、1/60 秒的组合而已。在德国和日本也有采用这种方式的照相机。使用顶盖左侧的简易曝光表可以算出画面亮度值。首先将胶卷的感光度（DIN 或 ASA）设置在中间的圆窗里，然后在外环上的五种情况中选择其中一种，对准曝光表外侧的亮室、近景和海、雪等标识。简易曝光表的设计类似于苏联 Iskra 照相机。Iskra2 照相机内藏有曝光仪，虽然海鸥牌 203 型照相机以它为原型，但没能装曝光仪。203 型照相机的镜头是三片三组结构，焦距为 75 mm，光圈为 f3.5，比 201 型和 202 型照相机的镜头亮。镜头前面印刻有"S-111-23.5/75"，是镜头的名称和光圈、焦距，接着还有生产序号。但是只有字母 S 和几个数字，从视觉上看就很乏味。镜头上有淡青紫色的镀膜，最近摄影距离是 1.2 m，快门速度为 B、1~1/125 秒及 1/300 秒。203 型照相机有自拍功能，还有闪光灯同步线插孔，重量为 690 g。

这款照相机采用双影重合、测距仪联动对焦方式，透过取景器可以看见正方形的视野里有两条竖线，这是 6 cm×4.5 cm 格式的景框，中间是长方形的对焦部分。取景器整体泛黄，镜头上靠近机身的部分有齿状调焦环，转动调焦环就可以使双影重合对焦。但是调焦环太硬，不用指甲几乎转不动。

长期大量生产的海鸥牌 203 型照相机有多种款式。早期的款式基本留用了上海牌 203 型的零部件，例如，上胶卷的扳手比较大，扳手旋转方向用红色箭头表示等。顶盖 203 标识的旁边刻印红点，关于这种红点有种说法是用来表示检查结果的，海鸥牌双反照相机也标有这种红点。另外，简易曝光表的"海、雪"用英文写成"Sea、Snow"，镜头标识写成 SEAGULL 的出口产品也有。海鸥牌 203 型照相机采用扳把式卷片，红窗计数，可拍 6 cm×6 cm 画幅 12 张及 6 cm×4.5 cm 画幅 16 张（机内有两块变幅遮片）。有防重拍机构，无防漏拍机构，如果想多次曝光也很容易，快门上弦后不用按快门按钮（每张拍完快门按钮即被锁住，需要再次卷片才可按下），直接按动快门旁的快门联动拨杆就可启动快门。海鸥牌 203 型照相机的镜头采用旋转前镜片方式调焦，因此在近距离拍摄时画面边缘相质稍差，用其在较近距离（约 113 mm）所拍的人像照片来看，画面的层次及清晰度还是可以接受的。在 117 mm

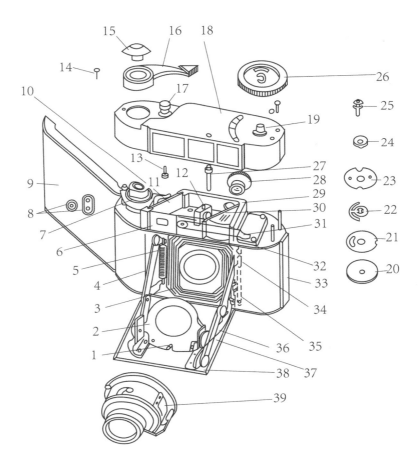

图 1-23　海鸥牌 203 型照相机的结构示意图

1—摇杆偏心导柱；2—快门座板；3—皮腔；4—主体；5—前盖撑脚拉簧；6—测距框片；7—卷片机构；8—红窗；9—后盖；10—全反射镜；11—防重拍机构；12—测距物镜；13—快门传动杆；14—顶盖螺钉；15—扳手螺钉；16—扳手；17—快门按钮；18—顶盖；19—指示盘柱；20—垫片；21—胶片感光度盘；22—曝光指示盘弹簧；23—曝光定位片；24—指示盘螺钉座；25—指示盘螺钉；26—曝光指示盘；27—前盖按键；28—取景目镜；29—取景主体；30—半反射镜；31—测距移动杆；32—取景物镜；33—后盖开关；34—对距上连杆；35—中连杆；36—下连杆；37—前盖撑脚；38—前盖；39—镜头快门组

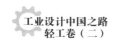

至无限远所拍的片子与海鸥牌双镜头反光照相机（如4A型、4B型）所拍的片子质量是一样的，但在使用方面，该款机型比双镜头反光照相机更快捷方便，也更擅长抓拍。

三、工艺技术

海鸥牌203型照相机被称为中国折叠式照相机中功能最全的产品，其以追求性能的"卓越性"为设计目标。203型为6 cm × 6 cm中画幅照相机，折叠后体积仅为38 mm × 140 mm × 105 mm，重约700 g，非常小巧轻便，比一般135照相机更容易携带。除皮腔为易损件外，整个金属材质的机身非常结实耐用。当镜头打开时，机身持握容易，机身重量在使用者可承受范围之内。同时，通过采用性能优良的折叠式腹腔，实现了缩小体积、便于携带的目标。整件产品十分精巧，因而受到消费者的喜爱。虽然消费群体定位是普通人，但就其提供的性能而言是十分超值的。

基于上述定位，产品设计在顶盖左侧增加了简易曝光表，可以提示画面亮度值。当曝光表内侧的红箭头指向外侧的4~17数值时，所指向的数值就是需要的亮度值。这样的设计对于初学者正确完成拍摄动作是十分有帮助的。测距仪联动结构在调焦环上，从前盖和镜头下面的缝隙可以看见调焦环下面并不是齿状的，也不是圆形的。当把焦距调到无限远时，镜头下面与调焦环接触的弹簧钉被压到最深，反之，当把焦距调到最近距离时，镜头下面与调焦环接触的弹簧钉回升起来。弹簧钉的上下运动将力量传至左侧的扳手上，然后在蛇腹底部转换为转动力，正是这种转动力使双影重合。

手动快门设定方式和扳手式上胶卷结构很有特点。上胶卷的扳手很好用，可以一点一点地上胶卷，只要转动扳手，胶卷就会不停止地向上转，所以必须看着后盖上的红色计数窗口上胶卷。快门按钮旁边有个小孔，每次按下快门小孔就会变成红色，每次上完胶卷小孔就会变成黑色。在小孔显示红色的时候，快门按钮无法按下，这是用来防止双重曝光的。但是，半按快门也可以使小孔变成红色，除非操作者再

图 1-24　海鸥牌 203 型照相机的快门与镜头

上一次胶卷，否则无法按下快门，也就是说半按快门会浪费一张胶卷。镜头边上有条细缝，为了避免浪费胶卷，按细缝里与快门联动的扳手也可以，但这不是正规方法。

四、品牌记忆

　　因为这款照相机是折叠式结构的，所以在使用过程中调焦和操作都有些不便，特别是其皮腔是否漏光一直是困扰使用者的一个问题。快门因传动机构过长非常容易出现故障，而调焦机构是双影重合式，随着时间的推移，取景器里面的黄框不精确了，颜色也淡了许多，甚至不再清晰。以下是日本相机爱好者陆田三郎的回忆。

　　我接触海鸥牌 203 型照相机的时间较晚，大约是 1996 年。我在阜新的照相机店与凤凰东北公司联合搞了一次照相机以旧换新的活动，就是顾客带来老的国产相机，不管好坏，折合 30 至 50 元换一台凤凰照相机（换什么补什么差价）。搞了两天剩下一纸箱破旧照相机，其中牡丹牌的双反照相机最多，海鸥牌照相机次之。那里面有一台海鸥牌 203 型照相机，零部件完整，但快门坏了。我擦拭后找人修好，带在身边玩了好几天，但是没有上胶卷拍片。最后，这台照相机也归到收藏柜中了。

　　从操作方面来看，海鸥牌 203 型照相机因为多了防重拍功能而使拍摄成功率大大提高，有效防止了叠拍和漏拍。其实，在真正的拍摄过程中，漏拍是无所谓的，只是浪费些胶卷而已，而叠拍是最要命的，甚至会毁掉很多重要的场景。海鸥牌 203 型照相机是有双影重合调焦联动机构的，但我没有使用，而是根据距离目测调焦。这主要是因为我觉得自己的距离感还行，另外一点就是使用小光圈，又多是拍远景，用不着看双影的重合，那样做浪费时间，甚至耽误事情。海鸥牌203型照相机的双影重合机构与凤凰牌205型一样，出厂时似乎就不准，使用一段时间之后差头就更大了，所以在使用和挑选时不要太过于看中这一点，这是普遍性的问题。

在使用海鸥牌203型照相机时，我想起了超焦距调焦的原则，所以基本上都是放在7~10 m，这样出来的片子基本都是清晰的。除了两张有晕光外，其他的都让人很满意，没有出现因精度问题而造成的焦点不清晰或焦点明显不在一个平面上的现象。我有些后悔没有给它带上遮光罩，因为手头是有一种外卡式的双反通用遮光罩的。关于这一点，海鸥牌203型照相机在当年设计时考虑不周，镜头前没有滤镜的螺纹口，不能直接拧上遮光罩和滤镜，全部要外卡式的。通过这次测试，我觉得有必要向大家推荐这款照相机，特别是它折叠后非常小巧，可以成为喜欢中画幅而又不想买昂贵相机的人群的选择目标。

五、系列产品

1958年，上海照相机厂参考德国阿克发Ⅲ型折叠相机进行研制。1959年上半年，上海牌58-Ⅲ型照相机问世。该款产品以铝合金制成机身，镜头为三片三组柯克式加膜镜头，焦距为75 mm，光圈最大为f3.5。采用康盘镜间快门，快门速度为B、1~1/500秒，画幅为6 cm×6 cm，最近摄影距离为1.2 m，有自拍及闪光同步功能。机顶右侧设有测距装置，在拍摄前先拨动手轮测距，然后根据所测数值将镜头焦距刻度调至相应数据再进行拍摄。由于工艺复杂等原因，该款产品共生产60余台就全部停产，只在内部试销，并未正式投放市场。

1959年，上海照相机厂生产了上海牌201型照相机。该款产品的镜头为三片三组加膜，焦距为75 mm，光圈为f4.5，六级光圈；采用镜间快门，快门速度为B、1/10~1/200秒，共6挡；皮腔以羊皮叠制而成。这款照相机共生产32 000余台。

上海牌202型照相机是上海照相机厂、上海照相机二厂于1960年生产的。该款

图 1-25　上海牌 58-Ⅲ 型照相机

图 1-26　上海牌 201 型照相机

产品是 201 型照相机的改进型，除自拍功能外，皮腔改为塑料材质，其他功能一样。这是我国第一款 120 型带自拍功能的照相机。从机顶文字来看，可分为粗字和细字两种款式。

　　1962 年，品牌更改前的上海牌 203 型照相机除了机顶商标为"Shanghai"外，在功能上没有任何变化。

　　海鸥牌 203-B 型照相机取消了简易曝光表和设在镜头上的简易离合装置。为了便于携带，机身左下角加装了手带环。该款产品取消了机背上方"中国制造"四个汉字及英文字母；取消了机顶上的海鸥英文标识，以汉语拼音替代。该款照相机以

图 1-27　上海牌 202 型照相机

图 1-28　上海牌 202 型照相机的使用说明书

图 1-29　上海牌 203 型照相机

图 1-30　海鸥牌 203-B 型照相机

203-B 型命名，意为海鸥牌 203 型的后续产品，即海鸥牌 203 型的第二款机型。

　　1978 年，上海照相机二厂生产海鸥牌 203-H 型照相机。该款照相机的顶盖为全
黑塑料制成，取消了机背上"中国制造"四个汉字；在功能上取消了海鸥牌 203 型
机顶的简易曝光表和设在镜头上的简易离合装置，增设了无热靴触电的闪光灯插座，
同时增设了闪光灯同步线插孔，以单股电线与设在镜头上的电极接头连接。其他功
能与海鸥牌 203 型照相机相同。

图 1-31　海鸥牌 203-H 型照相机

第三节　其他品牌

1. 红梅牌 1 型 120 折叠式单反黑白照相机

红梅牌 1 型 120 折叠式单反黑白照相机是常州照相机厂于 1974 年 10 月生产的。该款机型是上海照相机二厂生产的上海牌 202 型照相机的改进型产品。由于更新换代，上海牌 202 型照相机在 1965 年停产。但是，1974 年 3 月，新建的常州照相机厂在经过市场调查和产品分析之后，认为上海牌 202 型照相机结构简单、使用方便、容易制造，因此决定生产改进型产品。该款机型最终成为常州照相机厂获利最多的看家产品，一直生产到 1985 年。该款机型有多种款式，基本结构相同。1980 年，红梅牌 1 型 120 折叠式单反黑白照相机获全国照相机机械产品第三名；1983 年，获第二届全国照相机质量评比 120 普及型第一名；1984 年，获全国照相机产品"质量优异奖"。

红梅牌 1 型 120 折叠式单反黑白照相机采用黑色和银白色相间的扁圆流线型机

图 1-32　红梅牌 1 型 120 折叠式单反黑白照相机

体，看起来典雅端庄。正面上部不锈钢罩壳正中刻着一个红色梅花白描图案，图案左右分别是"HONGMEI"汉语拼音和取景窗；顶部中间鲁迅体"红梅"二字刚劲有力、笔画含蓄、间架结构均匀稳健，足见设计者的文化底蕴。

该款机型顶部有两个按钮。顶部左侧是镜头弹出按钮，轻轻一按，梯形立体皮腔支撑的镜头就会伸出机身，由两根折叠式不锈钢扁形拉杆将镜头盖下推90°便成为镜头底座，将皮腔和镜头稳稳托住；镜头圈外有自动拍摄扳钮开关，圈后有刻着景深、速度、光圈等数字的罗盘，转动镜头或拨动指针就可选择需要的参数进行拍摄。顶部右侧是快门按钮，旁边是不锈钢材质的卷片扳手。每次扳动扳手就正好卷过一张胶卷，轻轻一松，扳手便会自动复位，并与机身曲线齐平。

该款产品机身背面取景孔右侧的罩壳立面上刻有"中国常州"四字。后盖中部有一个圆形的和一个椭圆形的孔，向上推开金属盖板，红窗内会显示胶卷数量。机体下部有内螺口三脚架旋孔。拉下机身左侧的拉片就可打开后盖，机身内左侧是空白胶卷腔；中间左、右各有一块狭长盖板，打开则可拍摄12张正方形相片，合上则可拍摄16张长方形相片；右侧是已拍摄胶卷腔。装胶卷时必须避光，而取胶卷时必须在被窝或黑色布袋里操作，以免曝光。

该款产品整个外观和机理设计精巧简洁、结构紧凑、大方美观。当时，全国没

图1-33　红梅牌1型120折叠式单反黑白照相机的宣传照片

图 1-34 《文汇报》刊登的红梅牌照相机的广告

有几个地方能生产照相机,而红梅牌照相机的诞生反映了常州在机械制造、光学产业等领域的领先地位以及 20 世纪 70 年代常州工人阶级的创造智慧和精益求精的生产技术。红梅牌照相机与幸福电视机、金狮自行车、星球收录机、常柴柴油机、东风拖拉机以及电子手表、灯芯绒、的确良布和卡其布等产品一起构筑了常州这座工业名城的现代辉煌。

2. 红梅牌 3 型折叠式照相机

1983 年,常州市按照上级指示精神,在生产红梅牌 1 型照相机的基础上,增加一种 120 系列产品。技术人员参照太湖牌 203 型照相机和海鸥牌 203 型照相机,对

图 1-35　红梅牌 3 型折叠式照相机的顶部

图 1-36　红梅牌 3 型折叠式照相机

红梅牌照相机的机身、测距取景和镜头三个主要部分进行了设计改造，试制成功红梅牌 3 型折叠式 120 照相机。在试制过程中，相关人员攻克了前物镜筒、中物镜筒多头螺纹制造精度，镜头制造及装配精度，自动测距器制造及装配精度等多个关键技术难题。1984 年，红梅牌 3 型样机试制成功并生产 130 台；1985 年，投产 160 台。后来，因为国内出现"彩照热"，所以 120 照相机在市场上处于滞销状态，导致红梅牌 3 型折叠式 120 照相机并未大批量生产。

3. 珠江牌 60-I 型照相机

1958 年 6 月 18 日，艺材照相器材修理店、大亚仪器厂、玉华电筒厂联合组建成立广州照相机厂。1959 年，工厂开始研制开发照相机。1960 年，研制成功珠江牌 60-I 型照相机。1961 年，珠江牌 60-I 型照相机正式批量生产并投放市场。该款产品的机身以全金属压铸成型，零部件多为铜材制造。镜头为三片三组加膜，焦距为 75 mm，光圈最大为 f4.5，九叶片构成光圈。采用康帕快门，快门速度为 B、1/25 秒、1/50 秒、1/100 秒、1/300 秒，共五挡。机身顶部设有闪光灯插座，其闪光灯同步线插孔设在机头上，整机加工精细。资料显示，该款产品首批生产了 500 台。

1963 年，该厂在珠江牌 60-I 型照相机的基础上生产 60-II 型照相机。该款产品增加了机械自拍装置，快门速度为 1/250 秒。在产品铭牌设计方面，机盖左侧刻有"60-II"产品型号。早期机型的机顶设有视距调整孔，镜头上印有

图 1-37 珠江牌 60-I 型照相机

图 1-38　珠江牌 60-Ⅱ型照相机　　　　图 1-39　太湖牌 DC-1 型照相机

"zhongguo·guangzhou"汉语拼音字样，镜头前圈刻有相机编号。后期产品将这几项设计都取消了。

4. 太湖牌 DC-1 型照相机

1981 年，无锡光学仪器制造厂研制生产了太湖牌 DC-1 型照相机。该款产品的镜头焦距为 75 mm，光圈为 f3.5，其他功能与上海牌 203 型照相机基本相同。

第二章　单镜头平视取景照相机

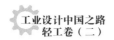

第一节　上海牌 58 型系列照相机

一、历史背景

1957 年初，中共上海市委市政府根据群众日益增长的物质需求和"一五"计划制造业全面发展的计划目标，决定由上海市计划委员会负责人牵头，专门成立照相机试制领导小组，由上海市计划委员会轻工业处处长任组长，上海市轻工业局、第一商业局等有关领导参加，由第一商业局所属上海钟表眼镜公司承担组织试制班子。上海钟表眼镜公司接到试制任务后，于 1957 年 9 月成立了以公司负责人为领导的照相机试制小组，成员包括公司技术科副科长、冠龙照相器材商店经理等 6 人。惠罗百货公司大楼位于上海市四川中路与南京东路的交界处，其 4 楼的一间办公室被用为试制场地。上海照相机试制小组在成立后参照当时苏联的卓尔基照相机加快设计

图 2-1　惠罗百货公司旧址（照相机试制场地）

图 2-2　《解放日报》1958 年 1 月的相关
报道

研发。1958 年 1 月，使用 135 胶卷的上海牌 58-I 型照相机试制成功。为了批量化
生产上海牌 58-I 型照相机，试制小组招兵买马，将其扩充为上海照相机厂筹建处。

　　1958 年 11 月，上海照相机厂筹建处和大明誊写用品厂、海通工艺厂、正丰五
金工业社、勤联文具厂、施鹤记电镀厂等合并成立上海照相机厂，员工 405 人，当
年生产上海牌 58-I 型照相机 1 000 台。上海牌 58-I 型照相机是我国第一款以工业
化流程生产出来的照相机，在我国照相机发展历史上占有极其重要的地位。

　　在推出 58-I 型照相机之后，上海照相机厂发现测距系统频繁使用会导致机构不
稳，因此将取景、测距两个系统合并成一个系统，并增加万次闪光灯联动插座，具
有 1/30 秒闪光同步功能，使新产品的结构更合理，性能更完善。上海照相机厂将其

图 2-3　《大众摄影》1958 年 12 月的相
关报道

图 2-4 　《文汇报》1959 年 12 月的相关报道

定名为上海牌 58-Ⅱ型照相机，于 1959 年 9 月正式投产。1959 年 9 月，为了庆祝中华人民共和国成立 10 周年，500 台上海牌 58-Ⅱ型照相机被送往北京，上海地区上市 300 台。上海牌 58-Ⅱ型照相机是中国第一款大批量生产的照相机，截至 1961 年 9 月共生产 6.68 万台，后因产品滞销而停产。

　　1959 年年底，上海照相机厂研制成功高级曝光表。曝光表通过测量出光量在指示盘上显示拍摄所需光圈系数和拍摄速度，可装于上海牌 58-Ⅱ型照相机上或者单独使用。

图 2-5 　《大众摄影》1960 年第 2 期的相
关报道

二、经典设计

　　上海牌58-Ⅱ型照相机定位为高端产品。据当时主要设计师游开琛先生介绍，他对欧洲多款照相机进行了研究，发现大多数机械照相机都因为机械结构精密或者出于尽力追求小型化、轻量化的目的，并没有给外观、色彩、肌理设计留下多少余地。为了平衡各种要素，试制小组选择了徕卡照相机作为范本。从产品设计的角度而言，选择徕卡就意味着选择了"功能先行"的原则，也就是说上海牌58-Ⅱ型照相机将以纯几何形态来进行设计，全盘继承德国包豪斯的设计理念。

　　在设计方面，上海牌58-Ⅱ型照相机参考了当时德国徕卡Ⅲb型135旁轴照相机。由于制作极为精致，被称为德国徕卡照相机的上海版。孙云清先生是上海照相机总厂的老员工。当说起上海牌58-Ⅱ型照相机时，他回忆道："德国徕卡Ⅲb型照相机是在1936年设计出来的，我们是在1958年开始研制的，比他们晚了二十多年，但是我们一起步就达到这个水平了。当时，苏联也试制了135单镜头反光照相机，但仅凭他们自己的力量是无法完成的。在第二次世界大战之后，苏联获得了德国的工厂设备及工程师，直到1950年研制出了卓尔基牌照相机。我们在研究了卓尔基牌照相机后发现它不够先进，所以干脆直接研究德国徕卡照相机了。因为当时领导和工人师傅们都在议论，北方已经试制出了照相机，而上海不能比他们差，所以干脆找

图2-6　上海牌58-Ⅱ型照相机

图2-7 上海牌58-Ⅱ型照相机的俯视图

当时世界上最先进的产品进行研究了。"

　　上海牌58-Ⅱ型照相机的机身整体造型设计接近于1：3比例的圆筒形，精致小巧，便于携带。各个部件的大小比例是依据操作所需的人机工学常识来设计的。该款机型的顶部为了完成取景等功能增加了一个横卧构件，所有操纵旋钮为圆形，与前者互相咬合，有机共存。

　　如果拍摄者手持相机，从俯视图来看，上海牌58-Ⅱ型照相机的胶片旋钮尺寸最大，回转旋钮尺寸次之，速度旋钮尺寸最小，而闪光灯插座嵌在由顶面造型避让出的位置。各部件的大小及造型均经过设计师精心调整，品牌标识及编号形成了有机的整体，呈现出独特的设计美感。

　　上海牌58-Ⅱ型照相机的镜头平时退缩到机身内，使用时可以抽出，因此缩小了产品体积，便于携带。镜头还可以卸下做放大镜使用。除机身外的所有部件都是手工制造、手工装配和手工校准的。

图2-8 上海牌58-Ⅱ型照相机的分解图

三、工艺技术

上海牌 58-II 型照相机的整个机体以铝材为基本材料，机身下部及经常与手接触的部位以硫化橡胶装饰，因此在拍照时，手更容易握住照相机并且不会留下明显的手印痕迹，同时还便于清洁。卷片旋钮、对焦口、光圈及快门旋钮等其他与手部接触的部分采用金属滚花工艺，增加了摩擦力，方便精确操作照相机。上海牌 58-II 型照相机不仅做工精湛，而且经典的黑色和典雅大方的银色搭配更凸显出产品整体的高档感。

上海牌 58-II 型照相机的顶部和光圈上有该款产品的品牌标识。顶部的标识为黑色的，与下方文字"中国上海照相机厂"相互呼应，标识右边是产品编号；光圈上的标识为显眼的红色。这款产品的品牌标识是一个简单的几何图案加上"上海"二字。

图 2-9　上海牌 58-II 型照相机部件的金属滚花工艺

图 2-10　上海牌 58-II 型照相机顶部的品牌标识

几何图案包括两条中心对称的直线，而中间的圆形被两条直线分隔。这个标识的设计理念与照相机自身的成像原理有关：中间的圆形象征镜片，而两条相交的直线恰如光线一般，透过镜片后将影像记录下来。这样的设计不仅清晰直观，而且与产品本身的特点非常吻合。

由于加工困难且价格较高，上海牌 58-I 型照相机仅生产了 1 198 台。上海牌 58-II 型照相机是其改良款，最大特点是对测距机构进行了改进，变成一个目镜，同时保留了取景器的功能，正面右侧为闪光灯使用的同步插座。上海牌 58-I 型照相机的 2 个圆形目镜和 1 个方形镜框在 58-II 型照相机上变成了 1 个圆形目镜和 1 个方形镜框。与卓尔基牌照相机相比，上海牌 58-II 型照相机在机身上增加了慢门、闪光联动等扩展功能。陆田三郎回忆道：曾经将其机身单独购买后配上爱尔玛和茵度斯塔

图 2-11　上海牌 58-II 型照相机的说明书，其中"照"字不是规范字

尔镜头拍摄，取得的影像效果与原配的镜头不太一样，但卡口还是能够配合使用的。所以，在上海也有收藏者会卸下纯正的上海牌58-Ⅱ型照相机的镜头，装上德国制造的徕卡镜头使用，在拍摄过程中寻找乐趣。

后来，为了在技术方面实现能拍摄更清晰照片的目标，上海照相机厂转向开发使用布朗尼（Brownie）片的双镜头反光照相机。总之，对于徕卡照相机的发烧友们来说，上海牌58-Ⅱ型照相机在生产过程中经过了不断的调整和改进，是具有自己独特魅力的一款产品。

四、品牌记忆

游开琛先生是上海牌58-Ⅱ型照相机的主要设计师。1928年9月26日，游开琛先生出生于福州。1947年，就读于上海光华大学，先学经济专业，后转入工科。后来于上海交通大学和浙江大学专修精密机械、电影与照相原理、设计等全部课程，并于上海机械学院随德国专家研习光学冷加工与真空镀膜课程。在编制第一个五年计划时，我国认为有几种轻工业产品一定要制造出来，目标是照相机、手表、电视机等。那时，在一无工艺设计及图纸，二无生产设备及场地，三无技术力量，四无新产品试制费用的条件下，各级干部、工人和工程技术人员都努力要为祖国填补轻工业产品的品种缺门。他们因陋就简，分类摸索，千方百计地希望能早日试制出第一款新产品。

1957年初，为了集中力量试制第一款照相机，在上海市计划委员会的领导下专门成立了照相机试制领导小组。但是，一开始就碰到一个难题，那就是要有人去干这件事，轻工业局表示无能为力，派不出合适的人。最后经过反复研究，决定由第一商业局所属上海钟表眼镜公司派人搭起试制的班子。因为上海钟表眼镜公司所属大商店有修理照相机的业务，所以有一定的修理经验和技术基础，而且有的店设有修理工厂，会磨制眼镜片，有加工照相机镜头及光学元件的条件。当时，上海钟表眼镜公司的领导同志们为试制工作提供了极大的支持，为了完成第一款照相机的试制任务，他们派公司生产技术科副科长游开璨为骨干，负责试制工作。游开璨曾在中国银行上海分行工作，为了支持商业部门而调到钟表眼镜公司。他虚心好学，肯钻研技术，愿为试制新产品做出自己的贡献。他那时仅 28 岁，面对试制过程中的重重困难，毫不计较个人利益得失，迎着困难上，把全部精力倾注到试制工作中。游开璨从一开始就到处奔走，多方搜集国外照相机资料，经过几个月的调研，提出以徕卡 135 照相机为试制目标。经过试制小组研究决定，同意试制方案，因此从 1957 年 7 月开始进行测绘、研究和改进工作。为了镜头里光学玻璃的试制，游开璨三上长春光学精密机械研究所求援，经中国科学院学部批准，由长春光学精密机械研究所承担设计任务，这样才解决了设计数据和图纸的难题。

　　游开璨先生是一位工程组织者。他在上海照相机厂组织并培育了一批中国照相机工业的技术人才，还在百忙之中为上海轻工业专科学校编写了《照相机原理与设计》一书并亲自任教，为培养中国的照相机技术人才做出了自己最大的努力。

五、系列产品

1. 上海牌 58-I 型照相机

　　1958 年，上海照相机厂参照德国徕卡 IIIb 型照相机研制生产了上海牌 58-I 型照相机。该款产品没有采用徕卡照相机的五片四组爱尔玛镜头，而是采用了由长春光

图 2-12　上海牌 58-I 型照相机

图 2-13　上海牌 7 型照相机

学精密机械研究所设计的与爱尔玛镜头相同孔径的四片三组天塞加膜镜头，由上海吴良材眼镜厂加工制作。镜头以 39 mm×1 mm 螺纹接口调焦，采用横走式焦平面帘幕快门，快门速度为 T、B、1~1/1000 秒，共 15 挡。该款产品是我国真正以工业化流程生产的高档照相机，相关资料显示，其总产量只有 1 198 台。从总体来看，该款照相机性能稳定，但是与德国徕卡原型机相比仍有很大差距。

2. 上海牌 7 型照相机

上海照相机厂在上海牌 58-II 型照相机的基础上进行改进，于 1960 年成功试制出上海牌 7 型照相机，并于 1961 年年底开始小批量生产。鉴于当时的经济情况，该款产品的产量较小，到 1963 年年初全部停产。该款照相机的镜头为四片三组式，焦距为 50 mm，光圈为 f3.5。快门速度为 B、1~1/1000 秒，设有单次和万次闪光灯同步线插孔及自拍装置，装片为大开门式。

第二节　凤凰牌 205 型系列照相机

一、历史背景

20 世纪 60 年代末，由上海、南京等五个专业厂内迁组建的江西光学仪器总厂仅以"205"为名生产相机，其生产的相机基本功能齐全，获得了广泛好评，因此生产条件得以不断改善。

1970年，江西光学仪器总厂对上海牌205型照相机进行改版生产，命名为海鸥牌205型照相机。该款产品镜头的光学性能优异，江西光学仪器总厂对这一型号进行不断的改版设计，最终形成了一个完整的产品系列。205型系列照相机先后生产了400万台，是中国制造最多的一款照相机。

1978年，在中华人民共和国第一机械工业部仪器仪表局的基础上，成立了国家仪器仪表工业总局，统一领导、协调全国照相机生产。同时将杭州照相机厂扩建为杭州照相机械研究所，并以该所为中心，组织江西光学仪器总厂、武汉照相机总厂、武汉照相机快门厂、厦门仪表厂、贵阳永光压铸厂、无锡照相机二厂、天津照相机厂等单位，以及上海、常州、苏州、郑州、长春、贵阳等地的相关照相机以及光学仪器生产企业相互协作，成立了联合设计小组。随着国际市场上135轻便型照相机进入自动曝光时代，联合设计小组参照日本柯尼卡C35FD型以及佳能QL17型和QL19型设计JG301型135自动曝光照相机。凤凰牌JG301型照相机从1978年开始试制。1979年，江西光学仪器总厂开始生产。1980年9月，国家仪器仪表工业总局组织全国照相机制造厂、科研单位、专业院校等三十多个单位的专家和技术人员，在北京召开了"国产凤凰牌JG301型照相机投产鉴定会"。与会人员认为凤凰牌JG301型照相机达到了设计要求，可以通过国家鉴定并投入批量生产。在此之前，凤凰牌JG301型的样机曾寄到德国测试，结论是无论在性能和外观方面都达到了国外同类产品的水平。因此该机在当年上市后，令看惯了"粗、大、笨"国产相机的西方客户眼前一亮。同时，凤凰牌JG301型照相机还在当年科隆举办的第16届世界摄影视听器材博览会上亮相，引起了广泛关注，并接到了来自于新加坡的订单。

为了真正设立自己的品牌，与上海照相机厂生产的海鸥牌205型照相机相区别，1983年，经过与苏州白洋照相机厂协商，江西光学仪器总厂取得并正式启用凤凰牌商标，将海鸥牌205型更名为凤凰牌205型。

二、经典设计

经过长期制造，虽然凤凰牌 205 型系列照相机的内部结构不断改良，但是其基本性能与早期的上海牌 205 型相比变化不大。从外观来看，上海牌 205 型更名为海鸥牌 205 型之后，上胶卷的扳手增加了塑料盖，顶盖上的标识由"上海 205"改为"海鸥 205"，后来又改为"凤凰 205"。

凤凰牌 205 型照相机的整体结构紧凑，机身宽度为 13.5 cm，虽然不是小型机，但是拿起来非常顺手，也很好用。

凤凰牌 205 型照相机镜头是天塞型的，四片三组结构，焦距为 50 mm，光圈为f2.8，光圈叶片为 5 片，最近摄影距离为 0.8 m。早期的上海牌 205 型照相机的镜头前框里有两个三角形和两个扇形的几何图案，其中印刻着"上海"二字，快门速度为 B、1~1/125 秒、1/300 秒，并带有自动快门。同步触点位于镜头的侧面。上胶卷的扳手设计大方但不能微调，倒胶卷时把藏在里面的扳手扳出来向原方向转即可，这种方式很特别。

特别要提到的是等倍取景器：取景框清晰明亮，有视差自动校正功能，使用中间的长方形测距仪即可对焦，即使睁开双眼看也没有异常的感觉，非常好用。

图 2-14　海鸥牌 205 型照相机说明书

1 光圈调节环 ▶ Diaphragm Ring		6 快门调节环 ▶ Shutter Speed Ring
2 景深盘 ▶ Depth-of-Field		7 闪光插座 ▶ Flash Socket
3 附件插座簧片 ▶ Spring Slide		8 调焦环 ▶ Distance Scale Ring
4 附件插座 ▶ Accessory Shoe		9 快门按键 ▶ Shutter Release Button
5 卷片扳手 ▶ Film Winding Lever		10 卷片计数窗 ▶ Film Counter

11 三脚架螺丝座 ▶ Tripod Socket	16 倒片按钮 ▶ Rewind Button
12 自拍扳手 ▶ Self-timer	17 背带吊环 ▶ Shoulder Strap Lug
13 胶卷感光速度拨杆 ▶ Film Speed Indicator Lever	18 倒片插杆 ▶ Rewind Crank
14 取景目镜 ▶ Finder Eyepiece	19 倒片旋钮 ▶ Rewind Knob
15 后盖 ▶ Back Cover	20 胶卷暗盒转轴 ▶ Film Cartridge Shaft

21 调节孔螺钉 ▶ Screw for Adjusting Hole	26 卷片轴扣片钩 ▶ Film Take-up Spool Hook
22 胶卷暗盒储存室 ▶ Film Cartridge Chamber	27 卷片轴齿棒 ▶ Film Take-up Serrated Flange
23 卷片齿轮 ▶ Film Transport Sprocket	
24 卷片轴 ▶ Film Take-up Spool	
25 卷片轴片槽 ▶ Film Take-up Spool Slot	

图 2-15　海鸥牌 205 型照相机结构图

图 2-16　凤凰牌 205 型照相机说明书

从设定快门和光圈，到对好焦距按下快门按钮，凤凰牌 205 型照相机的操作过程简单易行。如果说有不满意的地方，那就是测距圈与机身相距太近，不容易启动。

早期的海鸥牌 205 型照相机在光圈全开的时候，整体成像比较柔和，类似于柔焦镜头的效果。在光圈渐小时，整体成像变得清晰，但不会特别鲜明。经常使用凤凰牌 205 型照相机的使用者会发现镜头的成像效果很清晰，在光圈全开的时候，虚背景效果也很有气氛，可以令人感到满意。

在实际的使用过程中，上胶卷的扳手是令人感到稍有遗憾的设计之处。如果用

图 2-17　凤凰牌 205-B 型照相机说明书

与其他照相机一样的方式上胶卷，使用者会以为胶卷被卡在里面出了故障。其实，扳手太大或者太小，都会令使用者感到不方便。另外，虽然水平式的倒片扳手设计简洁、漂亮且有趣，但是用起来很不方便，与这种设计相比较，还是可折叠的、抽出来转的扳手比较实用。

凤凰牌205型照相机设计简洁，长期在中国市场上销售，可以说是故障率很低的一款产品。配有测距仪的205型系列照相机种类繁多，令人印象最深的是1997年为纪念香港回归而制造的金黄色凤凰牌205型特种纪念相机，只限量生产了100台。机身上部的右前方和左前方分别镶嵌纯金制成的中国国旗和中国香港特别行政区区旗。镀金的顶盖上印刻着回归日"1997.7.1"的字样，镜头前边印刻着"香港回归纪念"的字样，后盖上贴着印有中国地图的银板，非常精致。

三、工艺技术

凤凰牌205型系列照相机的生产源于1970年，属于上海照相机二厂的随迁产品，原用名称为海鸥牌205型，自1983年起正式更名为凤凰牌205型，产量从当初的年

图2-18　多视角下的凤凰牌205E型照相机

产几千台至鼎盛时期的年产 30 余万台，直至 20 世纪 90 年代末期仍能年销 10 万台左右，市场拥有量 400 万台，堪称国产同类相机销量之最。凤凰牌 205 型系列照相机采用具有传统造型美感的全金属机身，制作十分精良，性能稳定可靠，镜头成像清晰，色彩还原准确，因而在全国照相机测试评比中曾四次夺冠。

凤凰牌 205 型系列照相机的主要技术特点如下。

1. 镜头

凤凰牌 205 型系列照相机选用天塞型四片三组光学系统，焦距为 50 mm，光圈为 f2.8，结构为非对称型镜头。镜头像差在设计时已经校正，因为在加工过程中严格控制镜片质量，不断改进镀膜技术，辅以精密的装校工艺，所以镜头的像质（鉴别率）始终稳定在国家标准 II 级以上，色彩还原符合国际标准。

2. 取景、测距、调焦系统

凤凰牌 205 型系列照相机是 20 世纪 90 年代末期还在生产的少量的镜头与取景器联动测距的机型，从取景器内可直接观察到镜头的调焦情况，相机的视差调整机构和 1∶1 取景器令使用者从取景器内看到的景象与底片上的实际成像大小一致，效果舒适清晰，给使用带来极大的方便。

3. 测光系统

凤凰牌 205 型系列照相机中的 205-B 型和 205E 型具有电子测光系统，可以依据拍摄所用的胶片感光度和被摄物体的亮度两个条件，通过拍摄者对快门速度与光圈值的最佳组合实现最佳的曝光效果。取景器内右侧有垂直排列的 3 个发光二极管，上方红色 LED 灯亮表示曝光过度，中间绿色 LED 灯亮表示曝光合适，下方红色 LED 灯亮则表示曝光不足。

4. 闪光同步

凤凰牌 205 型系列照相机使用镜间快门，因此 X 闪光是全速同步的，最高达 1/300 秒。

5. 多次曝光

凤凰牌 205D 型和 205E 型具有多次曝光功能，实现了在一张底片上进行多次曝光组合，从而拍摄出别具一格的艺术创作照片。

凤凰牌 205 型系列照相机从机身内部到外壳均采用铜铝合金及钢铁材料精工制作而成，坚固耐用，环境适应能力特别强。镜头、测距、调焦联动系统使摄影初学者真正认识到摄影距离、光照度、曝光时间的重要性，因此凤凰牌 205 型系列照相机一直是初学者和摄影爱好者的首选机型。据摄影杂志《咔啪》报道：20 世纪 90 年代中期，日本形成一股二手机热，最大的原因是很多日本照相机收藏家和发烧友并不追求外观而更看重照相机的实用性、可靠性和成像质量，中国向日本出口的凤凰牌 205 型照相机以上述优势迎合了日本收藏家和发烧友的口味，因此在日本受到广泛的欢迎。

1997 年，为了纪念中国香港回归，同时借凤凰光学股份有限公司股票在上海证交所上市之东风，凤凰光学为国内的照相机收藏家定制了 100 台极品金装纪念照相机。

该款照相机的顶盖和底盖为多层镀金。顶盖正面镶嵌由纯金制成的中华人民共和国国旗和中国香港特别行政区区旗。后盖印刻着"中华人民共和国香港回归纪念"的金色字样。照相机的镜头经过层层筛选，选用镜头中心分辨率达 37 lp / mm、边缘分辨率达 21 lp / mm 的一级镜头，镜头分辨率比原型机提高一个等级。该款照相机共限量生产 100 台，由于是在特定历史时期生产的定制品，再加上真材实料，含金、银量极高，具有很高的收藏价值。

凤凰牌 205 型系列照相机中还有一个特殊机型，即 135 彩色编码照相机。中国科学院院士、著名光学科学家、南开大学原校长母国光教授领导的课题组经过多年悉心研究，打破摄影依靠化学方式成像的常规，以物理方法记录彩色信息，再以光学方法解码复原彩色图像，这种全新的摄影技术可应用于具有商业价值的军民结合的实用型照相机。考虑到项目尚在起步阶段，为了节约经费，课题组经过仔细分析发现当时市场上最热销的凤凰牌 205 型照相机在镜头与焦平面之间尚有空间可安置编码器，于是就巧妙地设计了一个与卷片扳手联动的平行移动机构。在卷片时，三色光栅与胶片分离，避免在卷片过程中摩擦损伤胶片和三色光栅，在卷片结束后即与胶片密接完成彩色编码照相，所有动作在一次卷片过程中完成。首批以 205A 型照相机改造的样机于 1988 年 12 月在天津通过专家审定，以 205B 型照相机改造的样机于 1989 年 12 月在长春通过部级鉴定，全套系统（彩色编码照相机及彩色图像解码仪）于 1991 年底通过国际设计定型。该款既可以完成普通摄影，又可以进行编码摄影的特型相机共生产了 7 台，算是国内生产量最小且通过技术鉴定级别最高的 135 照相机。该款照相机的样机在国家光学机械质量监督检验中心检测完毕并通过部级鉴定后曾请某集团军试用，产品经过相关试验单位在不同地区、不同气候条件下近两年的应用性试验，始终未出现过故障，表明凤凰牌 205 型系列照相机原机型对使用环境具有较大的适应性，产品质量稳定可靠。

四、品牌记忆

在采访过程中，摄影爱好者许宗馨讲述了自己在购买和使用凤凰牌照相机的过程中留下的深刻印象。

1. 购买凤凰牌 DC303KE 型机身的前后

20 世纪 90 年代末，我从北京邮购了一支俄罗斯生产的焦距为 200 mm、光圈最大为 f2.8 的低价位大口径长焦镜头（以下简称 200 mm/f2.8 镜头），安装在宾得 Z-1P 型机身上，用光圈优先测光，无论光圈是 f2.8，还是 f3.2，快门速度显示均为 30 秒，测光系统失灵，这给使用带来了极大的不便。于是我就产生了添置一款低价位、功能实用的 PK 口机身的想法，以方便使用 200 mm/f2.8 镜头。经过调研后，我发现凤凰牌 DC303KE 型机身比较合适。因为以往所用国产器材均为海鸥牌 DF 型系列照相机，对凤凰牌产品没有更多的认识，所以我带着 200 mm/f2.8 镜头去商场试装，结果测光系统挺灵，但当时对机身的可靠性还不是太放心。又经过一段时间与理光牌机身的性能比较之后，我决定购买凤凰牌 DC303KE 型机身。当时，凤凰牌 DC303KE 型的改进机型凤凰牌 DC303NE 型上市。当看到外观漂亮的凤凰牌 DC303NE 型机身，特别是改进后的多重曝光按钮比凤凰牌 DC303KE 型更方便、可靠，还增加了景深预测、闪光灯同步线插孔、光圈先决（手动）左手测光按钮，我毫不犹豫地买回了凤凰牌 DC303NE 型。回家后，我迫不及待地把大口径长焦镜头安上，结果却令人非常失望——不测光，或有时能测但误差极大。购买后的第二天，我就到商场要求更换为凤凰牌 DC303KE 型，但当时无货，营业员答应与厂方联系，一定给调换，并把情况反映给厂方。要求换货的次日我接到了电话，如愿地换来了凤凰牌 DC303KE 型机身，经过一段时间的试用，结果令我非常满意。

凤凰牌 DC303KE 型机身是传统的亚黑色，外形小巧美观。快门闪光同步速度为 1/125 秒，自拍反光镜预升及多重曝光机构非常实用。机身上除了快门按钮外，没有其他复杂的操作件，非常简洁。测光较为准确，半按快门钮，即按即测，无延时。起初觉得不太习惯，用熟练了反倒感到实在，比海鸥牌 DF 型系列另按测光开关方便省心（如能像尼康牌 FM2 型有测光延时功能则更理想）。

用凤凰牌 DC303KE 机身加一个螺口转 PK 口接环，安上茵度斯塔尔小微距镜头（焦距为 50 mm，光圈最大为 f2.8），如果翻拍图片或拍花卉，操作起来得心应手。只是快门声音响，振动大，似乎有些不安全感，比起尼康牌手动机身快门振动度有一定差距。但我用自拍反光镜预升功能拍静物排除了所有振动的影响，拍摄效果非常好。

总之，在我看来，20 世纪 90 年代末上市的凤凰牌 DC303N 型系列如能具有凤凰牌 DC303K 型系列的测光系统就更好了。倒片扳手可以改进一下，使胶卷倒紧后不反弹，快门再加上减振装置，那么可以说是比较完美的全机械手动照相机了，定会受到影友和"发烧族"的欢迎。

2. 凤凰牌 205E 型与费特 5 型

购买凤凰牌 DC303KE 型机身引发了我对凤凰牌产品的兴趣。后来我又购置了一台低价位凤凰牌 205E 型旁轴取景照相机。在使用过程中，该款产品同样给我留下了美好的印象。

费特 5 型是全机械控制 135 旁轴取景联动测距仿徕卡 M 型系列的产品，镜头成像质量优异，有良好的口碑。我购买的费特 5 型是 1994 年的产品，用该机拍了几卷

图 2-19　海鸥牌 205 型照相机记录下手艺人剪纸的画面　图 2-20　在取景目镜中会看到长方形的亮框，凡是在这个框的范围内看到的景物都能被拍下来

胶卷（黑白和彩色）后，感到此机镜头成像效果名不虚传，照片清晰度、色彩还原度都非常好，但机身机械故障不断，好在经得起摔打，摆弄摆弄又能用了。卷片机构有时过片不匀，甚至卷一张半才能上快门；倒片机构特别，狠按一下快门"阶梯"第二挡，方可倒片。测光系统采用老式硒光电池测光，机体指针指示，灵敏度较差，特别是暗光下测光不准，而且使用有一定期限，很难更换。我对费特 5 型的整体印象是笨重、传统，但货真价实，一个成像质量优异的镜头是最大的安慰。

凤凰牌 205E 型秀气、漂亮，外观酷似单反相机，与费特 5 型风格迥异，而且附件配套齐全，有皮套、背带和多次曝光专用分幅器，虽然做工不是很精细，但在视觉感受方面比费特 5 型细腻，有现代感，而费特 5 型显得古朴、笨拙。凤凰牌 205E

图 2-21　海鸥牌 205 型照相机拍摄的彩色陶塑

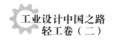

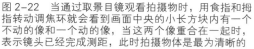

图 2-22　当通过取景目镜观看拍摄物时，用食指和拇指转动调焦环就会看到画面中央的小长方块内有一个不动的像和一个动的像，当这两个像重合在一起时，表示镜头已经完成测距，此时拍摄物体是最为清晰的

图 2-23　海鸥牌 205 型照相机拍摄的外景照片

型采用镜间快门，拍摄时快门振动对成像的影响很小，可实现全速度范围闪光同步，这为强光下闪光灯补光、快速闪光同步摄影提供了极大的便利，而费特 5 型采用帘幕快门，X 闪光同步时间为 1/30 秒，比凤凰牌 205E 型逊色很多。

凤凰牌 205E 型调焦系统与费特 5 型同是双影重合测距，但操作和对焦极为方便、可靠，而费特 5 型的测距与镜头距离刻度有较大差异（装配精度差），总让人有不放心的感觉，而且调焦较费劲。值得欣喜的是，无论是闪光摄影或自然光拍照，凤凰牌 205E 型的镜头成像质量都很优异。我本人并无任何检测手段，仅用肉眼从拍摄的效果来看，与费特 5 型所拍照片难分伯仲，与其他单反相机所拍照片有同样的可视性。

在试用凤凰牌 205E 型机身的各项功能之后，我感到设计者的目的在于极大地适应中国国情和满足广大摄影爱好者的需求。凤凰牌 205E 型机身坚固耐用，虽有塑料件，但关键部位均为金属材质，具有多重曝光、自拍、测光等功能，使用时方便可靠，效果良好。镜头镜片虽小，但外圈 49 mm 直径用的螺纹可以轻松使用各种滤色镜，唯一不便的是，使用偏光镜时需要先单独反复对好方位，再拧入镜头前螺口，按对好的方位调整到位再拍。还有点遗憾的是，镜头前身有点遮挡取景器，虽然并不影响取景和拍摄效果，大可不必计较，但看上去总有点不舒服。凤凰牌205E型照相机的镜头、测距、调焦联动系统令使用者真正体会到了摄影距离、光照度、曝光时间对于摄影的重要性，完全可以用来满足业余创作的"发烧瘾"。

五、系列产品

1. 凤凰牌JG301型照相机

继我国第一代镜头螺口接口的上海牌58–I型及58–II型照相机，以及第二代镜头卡口接口的红旗牌20型照相机之后，凤凰牌JG301型照相机作为新一代机型出现了。该款产品在工艺方面改进颇多，采用自动曝光时代的平视取景、旁轴测距，是135照相机的代表作。在设计方面，该款产品有五大特点：其一，采用了当时国际上流行的"针踏式电眼"快门优先、光圈自动的曝光方式，利用锯齿状阶梯凸版与电流计指针的偏转，控制光圈叶片开合孔径，形成合适的大小，实现自动曝光，曝光范围达到EV4.7~EV17（ISO100）。之后，西北光学仪器厂生产的华山牌AE型照相机，以及红光仪器厂生产的华蓥牌AE型照相机也采用了这种设计。其二，首次采用了日

图 2-24　凤凰牌 JG301 型照相机

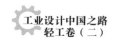

本科宝（COPAL）镜间机械快门，实现了 1/500 秒的最高快门速度，这也是当时国产同类机型中的最高快门速度，保证了整机使用的可靠性。在机身镜头座上专门标示了英文"COPAL"字样。其三，采用了凤凰牌焦距为 38 mm、光圈为 f1.8、大口径、高性能六片四组双高斯光学结构镀膜镜头，制作精良，分辨率达到并超过了国家一级镜头标准。其四，采用了与调焦联动的闪光装置，其特别之处在于利用这一功能可以实现正确曝光的闪光摄影。其五，采用了轻型高强度航空铝合金制造照相机的机身，上、下盖采用铜材制造，加工工艺比国产同类机型精细，照相机尺寸为 112 mm×71 mm×61 mm，重量为 410 g。

因为所用材料不同，凤凰牌 JG301 型照相机比机身大小相差不多的华夏牌 843 型照相机的重量轻了近一半，后者重达 800 多克。凤凰牌 JG301 型照相机具有众多优点，因此于 1987 年获得了同类产品全国评比一等奖。在此机型之后，江西光学仪器总厂还曾研发凤凰牌 JG301B 型和 JG301C 型，前者将镜头改为仿天塞结构，后者增加了手控光圈设计。遗憾的是，因为市场情况发生了变化，所以这两款产品都停留在样机阶段，没有批量生产。之后，武汉照相机厂小批量生产凤凰牌 JG301M 型，采用仿天塞结构镜头，最高快门速度下降到 1/300 秒，但是该型号产品并未获得消费者的更多关注。手控光圈设计成功地应用在了价廉但成像效果较好的华山牌 AE 型以及华蓥牌 AE 型和 AE-1 型照相机上。

2. 凤凰牌 JG304A 型照相机

1981 年，国家仪器仪表工业总局组织杭州照相机械研究所等有关单位联合设计凤凰牌 JG304A 型照相机，并以编号为 821774 的新产品计划下达给江苏省机械工业厅组织试制。在江苏省机械工业厅的统一安排下，常州照相机总厂、无锡照相机厂和苏州照相机厂联合试制新产品。苏州照相机厂分工承担镜筒部件、取景部件、主体部件（除主体及闪光组件）及部分总装零件，共 137 种 150 件；无锡照相机厂分工承担快门部件、自拍部件、计数部件、电子测光及部分总装零件，共 124 种 151 件；常州照相机总厂分工承担主体、顶盖、后盖、底盖、闪光灯罩壳及部分总装零件，共 48 种 70 件。另外，上海照相器材二厂负责内藏闪光灯的配套任务。

图 2-25　多视角下的凤凰牌 JG304A 型照相机

　　1981 年 9 月，常州照相机总厂派出两名技术人员参加了由杭州照相机械研究所组织的凤凰牌 JG304A 型照相机的补充设计工作，当月在无锡照相机厂完成了图纸校核。1981 年 10 月，江苏省联合试制协调小组成立。1982 年 2 月，在常州照相机总厂试装出两台样机，送北京参加机械工业部新产品展览会。1982 年 8 月，江苏省机械工业厅在苏州召开会议，成立联合试制技术小组。1982 年 12 月，在常州照相机总厂试装出第二轮六台样机。1983 年 2 月，机械工业部在常州主持召开凤凰牌 JG304A 型照相机鉴定会，共有 46 个单位 110 名代表参加，江苏省机械工业厅等有关领导参加了会议。鉴定会同意设计定型，可转入小批量试制。在生产过程中，编制了零件加工工艺文件，设计工装夹具，制造模具 276 副，加工零件 256 种。1983 年 9 月，在常州装配 20 台照相机；12 月，在无锡试装改进调焦机构的两台照相机。

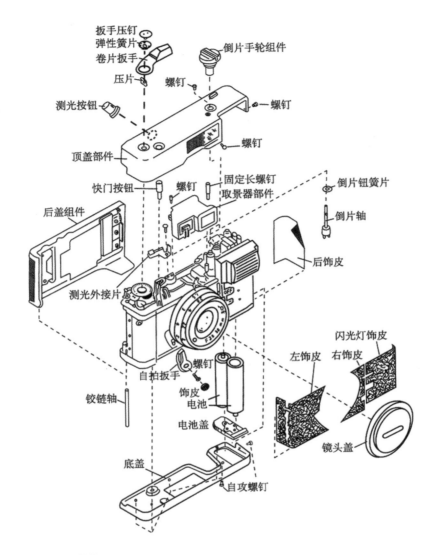

图 2-26　凤凰牌 JG304A 型照相机结构爆炸图

1984 年 1 月，批量生产 100 台照相机投放市场试销。为了保证整机质量和扩大批量生产能力，工厂增添了整机测试仪器和必需的设备：先后从日本引进影像测试仪 11 台，美能达曝光表 9 只，BM300 型亮度计 4 台，密度计 1 台，力矩测试仪 2 台，张力仪 2 台；自制各种检测设备 10 余台，自制装配流水线 2 条。之后，逐步形成了常州照相机总厂、无锡照相机厂、苏州照相机厂和靖江闪光机厂专业化生产的联产体系。1984 年，常州照相机总厂投产凤凰牌 JG304A 型照相机 3 447 台，至 1985 年底共生产 37 173 台。

3. 凤凰牌 JG304B 型照相机

1982 年，常州照相机总厂在研制凤凰牌 JG304A 型照相机的基础上，利用 JG304A 型照相机的机身和红梅牌照相机的快门着手试制红梅牌 6 型照相机。1983 年初，红梅牌 6 型照相机更名为凤凰牌 JG304B 型照相机。凤凰牌 JG304B 型照相机参考了日本柯尼卡品牌照相机，在兼顾当时国内电子元件生产、供应情况及加工工艺水平的情况下，对整机的主要部件，即镜头和快门在保持基本功能的基础上进行了较大改进，以便于简化工艺及降低成本。镜头由四片三组镜后光阑改为三片三组镜中光阑整组调焦；机械程序快门改为 1/250 秒机械快门；相机主体等零件采用进口工程塑料制造，并做改性处理，打消了消费者对塑料件性能方面的顾虑。为了确保整机性能，顶盖、底盖和后盖部分采用金属材料制造。1982 年 10 月，工艺图纸设计完成；12 月，全部零件试制完成；12 月底，组装出第一台样机。1983 年 1 月底，试制出四台样机，其中一台送机械工业部，另外三台样机由杭州照相机械研究所测试中心站进行全面测试，产品主要技术性能指标基本达到设计要求。

1983 年 3 月，机械工业部组织有关大专院校、研究所和照相机厂等组成样机鉴定检查组，对整机性能、设计技术文件进行了全面测试和审查，确认产品性能符合部颁标准及技术要求，同意设计定型并转入小批量试产。1984 年，常州照相机总厂小批量生产凤凰牌 JG304B 型照相机 51 台。之后，因为工厂品种不协调、快门匹配不稳定等因素，该型号产品并未大批量投产。

第三节 华夏牌照相机

一、历史背景

20 世纪 60 年代，国家决定在豫西山区兴建一批生产光学仪器的配套厂。当时，中华人民共和国第五机械工业部在距离南阳市 50 km 的伏牛山区设立了 358 厂（总装厂，创建于 1966 年，1986 年更名为国营华夏光学电子仪器厂）、378 厂、508 厂、548 厂四个光学企业，形成军工生产基地。

1973 年 2 月，为了转产照相机，国家计划委员会和第五机械工业部决定由 358 厂等河南豫西四厂试制生产珠江牌 H801 型电子快门照相机。1973 年 3 月，第五机械工业部组成联合测绘设计组，参考日本雅西卡 CC35 型电子快门照相机，开始珠江牌 H801 型照相机的试制工作，揭开了 358 厂研制照相机的序幕。

1974 年 1 月，358 厂成立了珠江牌 H801 型电子快门照相机生产试制小组。1976 年 2 月，工厂组织成立照相机生产车间——九车间。1979 年 7 月，358 厂研制的珠江牌 H801 型 135 电子快门照相机通过鉴定，投入生产。

图 2-27　百灵牌 821 型照相机

1980 年 12 月，珠江牌 H801 型电子快门照相机改型为珠江牌 H802 型电子快门照相机。1981 年 2 月，358 厂决定改型设计百灵牌 821 型机械快门照相机。1982 年 3 月，358 厂开始研制百灵牌 821 型机械快门照相机。1983 年 7 月，百灵牌 821 型照相机更名为华夏牌 821 型。1983 年 11 月，该型号产品荣获国家经济委员会颁发的优秀新产品金龙奖。

1983 年 11 月，358 厂改型生产的华夏牌 821 型 135 平视机械快门照相机设计定型会召开，该型号产品通过了技术鉴定。1986 年 6 月，兵器工业部、河南省国防科学技术工业办公室在 358 厂召开华夏牌 841 型 135 平视半自动照相机技术鉴定会。

二、经典设计

华夏牌 821 型照相机的设计借鉴了日本雅西卡 CC35 型照相机厚重且极具视觉冲击力的镜头造型，将金属外壳的标准配色改为银白色，使 821 型与其原型机 CC35 型相比较更为"提神"，而胶皮部分改用人造革材料则是出于降低成本的考虑。华夏牌 821 型照相机采用了十字星芒状的非对称猫眼式光圈及无 B 门设计。配装塑料套的卷片扳手触感良好，但是扳手卷起来时会与快门按钮碰上，因此在上胶卷时稍显

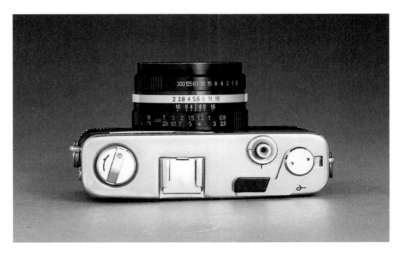

图 2-28　华夏牌 821 型照相机顶视图

图 2-29 华夏牌 821 型照相机背视图

不便。调焦环距离机身太近，这是当时中国小型照相机的共同特点，因为手指会碰上机身，所以使用起来也稍显不便。华夏牌 822 型照相机将"HUAXIA"拼音商标改为"华夏"商标，而且与 821 型胶皮部分仅有一种天然纹不同，华夏牌 822 型照相机增加了多种不同的纹饰。

图 2-30 华夏牌 821 型照相机侧视图

图 2-31　华夏牌 821 型照相机的　　图 2-32　华夏牌 821 型照相机的顶部热靴
　　　　　镜头

三、工艺技术

　　华夏牌 821 型照相机镜头为六片四组双高斯对称型镀膜镜头，焦距为 40 mm，光圈为 f2，七级光圈；采用镜间快门，速度为 B、1~1/300 秒，共 10 挡；机顶设有闪光灯热靴，右端设有闪光灯同步线插孔。早期的百灵牌 821 型照相机的生产总量仅有 600 台，更名为华夏牌之后，采用逆伽利略式取景器，双影重合测距，并增加了自拍装置和防止重拍、漏拍装置，成像效果清晰。

　　通过取景器可以看到取景框，中间是长方形的测光表，对焦方式为双影重合对焦，没有视差调节功能，但有近距离摄影调节取景框。快门按钮的周围有旋转圆环，可以防止错拍。一般来说，采用光圈最大为 f2 镜头的照相机是高级相机，但遗憾的是，华夏牌 821 型照相机做工粗糙，其热靴并非标准部件而是手工制造，这些因素导致华夏牌 821 型系列照相机稍显廉价。

四、品牌记忆

　　廖开方曾拥有一台华夏牌 841 型照相机，在经过七八年的上万次使用之后，照相机的快门依然完好无损，这令他感到非常惊奇。廖开方说："别小看这巴掌大的家伙，结实极了。上、下盖均为金属件，既抗摩擦，又不怕磕碰，用料十足，拿在手中沉得很，显得结实可靠。"华夏牌 841 型照相机整机重量为 800 g，虽然既没有现代照相机那种流线型的外壳，也没有令人眼花缭乱的多种曝光方式，更没有迷人的自动对焦，但是却给人以质量不错、功能朴实、简洁实用的感觉。机身前盖上"华夏 841"几个字刚劲有力，但是镜头上的速度和距离显示为印刷而成，不耐摩擦，经过一段时间的使用，字迹会变得模糊不清。光圈刻度为刻制而成，相当耐用。镜头与机身连接处有松动感，镜圈为黄铜制造，镜头结构为六片四组双高斯镀膜镜头，光圈最大为 f2，焦距为 40 mm。廖开方对该镜头的印象是成像效果清晰，色彩还原逼真，解像力好，快门的耐久性也好。测距为双影重合式，相当准确，稍显不足的是调焦环设在镜头的最后边，使用时不太方便。经过长期使用，调焦环仍活动自如，松紧适宜，没有出现过松或者过紧的情况，这又让人感觉到是一个值得信赖的设计。做到这一点是与选用了高质量的镜头材料分不开的。取景器很暗，不如一般傻瓜照相机那样明亮，也比不上凤凰牌 205B 型照相机的取景器明亮易对焦，实为美中不足。测光为跳灯式，外测光、双优先、电眼测光，测光范围为 EV2~EV16，测光元件为硫化镉光敏电阻。LED 为"+""-""0"三红灯显示："+"表示曝光过度，"-"表示曝光不足，"0"表示曝光合适。电池为 SR44 两节氧化银纽扣电池，因为电池只用于测光，很省电，所以能用半年。但电池盖及电源开关设计在上盖快门释放杆下面，这不太合理，如能像凤凰牌 205B 型照相机那样将电池盖设计在底盖上，使电源开关与快门释放杆联动，那就美观大方多了。

镜头最近摄影距离为 0.8 m，镜间快门，速度为 1~1/300 秒，自拍延时为 7~14 秒。1~1/300 秒皆可闪光同步。画幅大小为 24 mm × 36 mm。从拍摄的照片来看，当光圈为 f2、f2.8 时，画面中心反差欠佳，有轻微的眩光，但清晰度可以；画面周围有若干光斑，边角有些暗，清晰度欠佳，光度不足。当光圈为 f4、f5.6 时，画面中心光环基本消失，边角可以达到一定的清晰度，照片的反差效果有所增强。当光圈为 f8 时，解像力最高，照片的整幅画面都很清晰，色彩鲜艳夺目、自然逼真，即使被放大到 12 寸（英寸，下同），画面的均匀性依然非常好。与美能达 28~70 mm 变焦镜头相比，华夏牌 841 型照相机镜头的成像效果有过之而无不及。如果将美能达 28~70 mm

变焦镜头所拍摄的底片放大到 12 寸，那么从清晰度、色彩力度以及锐度来看，比不上华夏牌 841 型照相机镜头的成像效果。

当使用该款产品的镜头拍摄彩色照片时，绿色还原不够逼真，脸部颜色有些偏黄，解像力能达到一般国产单反相机可交换镜头的水准。当拍摄黑白照片时，成像效果很理想，在一般情况下可使用 1/60 秒、八级光圈拍摄，用 D-76 配方 1∶1 冲洗显影。即使照片被放大到 12 寸，画面细节仍很清晰，反差高。廖开方的一位影友就是带着一台华夏牌照相机云游四海，专门拍摄 12 寸老人大头像，质量之好，令人惊叹。但是该款产品也不是十全十美的，例如，卷片扳手和计数器的设计不够合理。另外，也可能是机械精度不够，所以有时计数器不计数，有时无法卷片，按不下快门，各种故障时有发生。使用华夏牌照相机的很多影友都觉得出现这些问题不足为怪，他们认为对于售价不足 300 元人民币的照相机要求过高是不切实际的。当然，如果能提高取景器的亮度，改善卷片扳手的可靠性和耐久性，保持镜头的高质量，那么该款产品一定会获得更多摄影爱好者的青睐。

华夏牌照相机能拍摄高质量的照片，还能发挥拍摄者的主观能动性，因此与口径小、镜头成像质量差、带有自动卷片及自动倒片功能的傻瓜袖珍型照相机相比，更能获得拍摄的乐趣。

五、系列产品

1. 华夏牌 822 型照相机

该款产品于 1984 年生产，属于华夏牌 821 型照相机的改进型产品，同年获得国家经济委员会优秀新产品金龙奖；1984 年、1985 年分别获得兵器工业部、河南省优秀产品称号。1987 年，在全国照相机评比中获二等奖。该款产品与 821 型照相机的区别在于闪光灯插座增加了热靴触点，照相机正面左上方"华夏"二字的汉语拼音改为"华夏"二字，取消了镜头编号，增加了"中国制造"的英文翻译。

图 2-33 华夏牌 822 型照相机

图 2-34 华夏牌 822 型照相机的镜头

图 2-35 华夏牌 822 型照相机的刻度表

2. 华夏牌 823 型照相机

该款产品属于华夏牌 822 型照相机的改进型产品。主要是在 822 型照相机的基础上增加了多次曝光功能，取消了镜头编号以及照相机背面上方"中国制造"四个汉字和英文翻译。该款产品有多种款式，总产量达到 9.9 万台。

3. 华夏牌 824 型照相机

该款产品在华夏牌 823 型照相机的基础上增加了景象导轨装置。在进行景象合成操作时，景片可在照相机的独立装置中直接插入，十秒钟就可完成景象合成。这一功能获得了国内专利。

图 2-36　华夏牌 823 型照相机

图 2-37　华夏牌 824 型照相机

4. 华夏牌 841 型照相机

　　该款产品是于 1988 年在华夏牌 822 型照相机的基础上研制而成的。镜头为六片
四组双高斯镀膜镜头，快门采用封壳硫化镉光敏电阻，外测光双优先式，三灯跳动
显示，直观式双影重合测距与整组调焦联动，顺算式计数，有多次曝光、闪光同步、
自拍功能，总产量三万余台。

图 2-38　华夏牌 841 型照相机

第四节　红梅牌照相机

一、历史背景

　　常州照相机总厂是于 1975 年由一家生产消防器材的 100 多人小厂扩建转产而成的。至 1990 年，常州照相机总厂经国家鉴定投放市场的有四种产品，当时正在组织投产的有两个品种，还有两种派生产品计划投入生产。该厂是国内第一家生产塑料照相机的工厂，次年就有两种采用电子测光技术的产品投放市场。

　　1974 年，消防器材厂在试制生产红梅牌 1 型 120 照相机时就非常注重新产品的开发。工厂采用新材料和新工艺，以塑代钢，研制 135 塑料照相机。1977 年，产品通过部级鉴定，正式投入生产，定名为红梅牌 2 型照相机。1979 年，工厂开发红梅

图 2-39　红梅牌 JG304 型照相机

牌 4 型 135 塑料照相机和红梅牌 5 型 120 双镜头反光自动测距箱式照相机。1981 年，在江苏省机械工业厅的统一安排下，常州照相机总厂与无锡照相机厂、苏州照相机厂联合试制凤凰牌 JG304A 型 135 内藏闪光电子测光照相机。1982 年，研发红梅牌 6 型照相机。后经机械工业部决定，更名为 JG304B 型照相机。1983 年，研发红梅牌 8 型折叠式 120 照相机。

1986 年，常州照相机总厂除创始产品红梅牌 1 型 120 照相机以及组装引进彩虹牌 MD-35 型照相机外，共开发新产品 8 个。从效果看，共同开发的新产品，有些单品利润明显上升；有些巩固了原有的市场地位；有些发展为延伸产品；有些虽然试制成功但并无长期生产计划；还有个别产品由于开发决策的错误，以失败告终。例如，红梅牌 3 型折叠式照相机是 120 系列二级照相机，从 1983 年开始设计，1984 年试制样机并试生产，1985 年完成生产鉴定。但是在开发该型号产品时，国内出现"彩照热"，120 照相机在市场上处于滞销状态。因为忽视了市场调研及供需预测，所以该型号产品仅售出 290 台，库存积压造成经济损失。

进入 20 世纪 80 年代以后，以工程塑料代替金属是制造工业发展的一大特点，

图 2-40　常州照相机总厂厂区一角

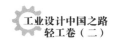

精密工程塑料部件成了现代照相机工业的重要组成部分。常州照相机总厂是我国第一个采用塑料新技术的照相机厂，也是我国照相机行业唯一大量采用塑料技术的工厂。

进入 20 世纪 90 年代以后，工厂产量大幅度提升，产品质量稳步提高，特别是在品种开发方面，国内同行望尘莫及。品种的开发主要依靠技术进步，工厂在开发新产品方面做了大量工作。从 1975 年开始，工厂就建立了工程塑料车间，通过组织凤凰牌电子测光照相机的生产，很快掌握了照相机的电子技术（包括电子测光和闪光灯电子技术）。红梅牌 1 型照相机、红梅牌 2 型照相机和凤凰牌 JG304A 型照相机三种系列产品有三种镜头、三种快门和三种机身。工厂对三种系列的不同镜头、快门和机身进行重新组合，加以改进，形成了八种不同水平的照相机，目的是增加品种，打开市场局面。在这一方面，当时国内其他照相机厂做得不够，一般只有单一品种，即使有两种以上，品种之间的通用性也较差。但常州照相机总厂在产品系列的通用化及标准化方面做得比较出色。

二、经典设计

因为技术不断改进、产品不断更新、产品质量年年提高以及生产发展迅速，所以常州照相机总厂成了我国照相机工业中投资少、见效快的一个范例。一开始，工厂的办厂方针是做大厂不愿做而小厂又做不来的"夹缝"产品。1975 年生产的红梅牌 1 型照相机是上海照相机二厂已生产多年但停产的产品，那是上海照相机二厂的起家产品。这种型号的产品结构比较简单，款式老旧，但是使用性能良好，容易上马。常州照相机总厂就是看准了这种照相机在国内市场具有很大的发展潜力，因此从 1975 年开始生产。后来，该产品成为常州照相机总厂产量最大、获奖最多的"看家"产品。

1975 年初，我国机械工程专家沈鸿同志谈道："要加快我国的照相机工业的发展，就必须尽快掌握先进的工程塑料技术。"他尽心尽力替常州照相机总厂选型，组织设计一款以塑料为主材的红梅牌 2 型 135 照相机。他说："常州厂的产品发展必须适合我国的国情，不能一步登天，必须生产适合广大消费者的价廉物美的普及产品。"沈鸿同志还曾形象化地指出："常州厂的产品应以'阳春面'为主。"阳春面也称光面，是江南地区著名的传统面食小吃。直到 1983 年，常州照相机总厂的办厂方针仍以生产"阳春面"为主。虽然也曾遇到过很多困难，但是工厂发展大众化产品的信念一直没有动摇过。

1. 红梅牌 2 型照相机

1974 年 3 月，沈鸿先生提出"制造一种简小好用、美观价廉的 135 塑料照相机，为工农兵业余爱好者服务"，并提供了一台美国制造的柯达牌塑料照相机作为学习样机。常州市委十分重视，立即着手组织试制，从全市各兄弟单位抽调干部、技术人员和有实践经验的工人，组成了"照相机会战办公室"，在市轻工业局核心小组的直接领导下，由常州照相机总厂和常州照相器材厂承担红梅牌 2 型 135 塑料照相机的试制任务。1974 年 11 月，设计人员克服了缺乏照相机设计实际工作经验等困难，完成了样机测绘。北京 608 厂帮助设计了镜头。1974 年 12 月，常州无线电厂、常州柴油机厂、常州林业机械厂、常州冶金机电修造厂、戚墅堰机车车辆厂、常州照相器材厂、常州市第二轻工机械厂及无锡模具厂等单位参加模具会战。常州无线电厂承担了制造型腔复杂、尺寸要求高的机壳模具任务，较早地开出了模具。135 塑料

图 2-41 红梅牌 2 型照相机

照相机先后出了三次样机，送市、省、部审核，并多次组织专业及业余摄影爱好者试用，广泛听取意见，不断改进设计。1977年6月，组装了80台整机。6月15日，由市计委、轻工业局组织15个单位，对红梅牌2型135塑料照相机进行了投产鉴定。7月2日，受第一机械工业部委托，在省工业交通办公室、省机械局主持下，江苏省照相机鉴定会议技术检查组对试制的红梅牌2型135塑料照相机进行技术鉴定检查，认为：产品符合设计要求；技术文件基本齐全；成批生产的工艺装备基本齐全，零件达到设计要求；批准定型生产。1978年，红梅牌2型照相机投产3 010台。红梅牌2型照相机属135系列，为常州照相机总厂主要产品，从1978年投产至1984年底，共生产98 197台。1985年，市场销售形势发生变化，广大用户对照相机的要求从低档转向中、高档，因此工厂决定不再投产低档的红梅牌2型照相机。红梅牌2型135塑料照相机曾于1979年被评为江苏省优质产品；1980年，获国家仪器仪表总局颁发的质量优异奖；1983年，获第二届全国照相机质量评比135普及型质量优异奖。

2. 红梅牌 JG304A 型照相机

图 2-42　红梅牌 JG304A 型照相机多角度视图

该款产品采用电子测光、机械程序快门、内藏式闪光灯，以两节 5 号电池作为动力。镜头为四片三组，焦距为 38 mm，光圈最大为 f2.8，曝光量无级连续变化。快门为机械程序控制的镜间快门，快门速度为 1/60~1/500 秒。测光采用 CDS 感光元

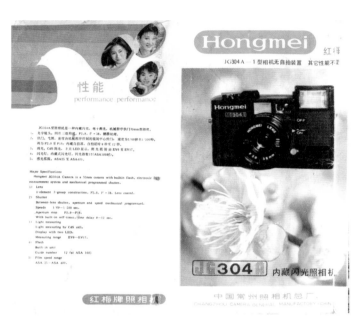

图 2-43　红梅牌 JG304A 型照相机使用说明书（1）

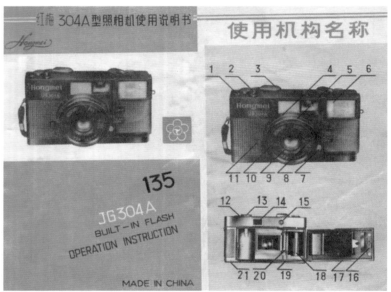

图 2-44　红梅牌 JG304A 型照相机使用说明书（2）

件，范围为 EV9 至 EV17，LED 显示；感光度范围为 ISO25~400，自拍机械式延时 8~12 秒。该款产品由常州照相机总厂生产，1985 年投放市场，1987 年初被轻工业部选为可靠性试验机种，当时售价 121 元。

三、工艺技术

常州照相机总厂的扩散联合厂包括：金属零件厂，生产 63 种零件，占金属零件总数的 25%；弹簧零件厂，生产照相机弹簧 22 种；冲压件厂，生产 30 种冲压件，占总厂大冲压件总数的 40%；光学厂，组装成部件交付总厂，并建成 2 000 m² 具有空调设备的厂房，生产要求较低的目镜、取景部件和反光镜等零件；铆钉厂，生产全部铆钉；以及其他零件加工厂。为了使这些厂有能力扩大再生产，常州照相机总厂在经济方面给予适当的优惠照顾，让这些厂在厂房扩建、设备更新等方面有能力跟上总厂扩大再生产的步伐。

常州照相机总厂的工艺管理在建厂初期是由生产技术科的一名测绘员兼管的。后来成立工艺科，隶属于总工程师办公室，有工艺人员 25 人，其中助理工程师 5 人。工艺管理是根据工厂生产照相机产品的四个阶段进行的。

1. 产品开发研制阶段

一是对新产品设计和原产品改进方案进行讨论。根据厂部产品决策计划，下达设计任务书，设计科主管设计，经初步资料调查，明确技术参数，由技术副厂长主持，设计、工艺、检验、生产、销售等部门参加讨论。

二是对产品图纸、结构进行工艺性审查。从金加工、冲压、注塑、光学冷加工四个方面，审查产品精度、光洁度和技术要求的合理性，零件结构、形状的合理性，产品零件实施的可能性，选材的经济性，工艺基准面选择的合理性，机械加工、铸造焊接、表面处理、热处理的可能性，公差配合和形位公差的合理性，装配拆卸是否方便，以及产品设计是否适用于现有设备并符合生产技术发展方向。产品设计原图由工艺科会审签字，再呈递给技术副厂长审批。车间技术组对疑难零部件进行会审。

三是对新工艺、新材料进行工艺试验，组织技术攻关。

2. 产品设计定型阶段

一是编制样机试制工艺方案。计划科编制作业计划。

二是核算材料定额。产品的冷加工材料定额由相关工艺人员编制，辅助材料定额由车间编制，工艺科审批。同时，根据试制的数量或时间，编制试制小批生产工时定额。

三是设计必不可少的工艺装备。根据工艺规程要求，在保证产品符合图纸要求的前提下，设计出技术先进、结构合理、制造经济、使用方便、安全可靠的高效工艺装备，绘制工艺装备结构总图和零件图。

3. 产品批量生产定型阶段

一是根据产品的生产纲领、生产方式，由工艺科组织拟定新产品的批量试制、批量投产工艺方案。主要内容包括：规定批量试制和批量投产的质量指标，生产组织形式和工艺路线的安排原则，工艺规程编制的原则、形式和繁简程度，以及工艺装备设计的原则和工装系数；编制关键部件的工艺规程，确定工艺试验项目；分析工艺方案经济效果，估计工艺准备工作量。

二是编制全套工艺文件。工艺包括：冲压工艺、金加工工艺、光学工艺、注塑工艺、装备工艺、外协工艺等。零件工艺文件形式有工艺过程卡片和加工工序卡片两种。

三是设计、验证工艺装备。工艺装备包括：冷冲压模具、注塑模具、光学冷加工夹具、金属切削加工夹具、压注模具、印字夹具、专用量具、光滑塞规、螺纹塞规、形位公差量具、专用工具、工位器具等。工艺装备验证工作是由工艺装备设计员、工艺员、车间技术员或技术副主任、操作者、检验员共同完成的，直至产品合格。验证主要项目包括：定位、夹紧的正确性，工艺装备的制造精度、使用性能、安全可靠性及使用寿命预测。

四是修订工艺规程。主要内容包括：工位器具使用守则、表面处理工艺规程、塑料二次加工工艺规程、照相机装配通用守则、油漆工艺规程、照相机装校工艺守则等。

4. 产品大批量投产阶段

一是完善工艺文件。做到齐全、正确、清晰，语言简练、通俗易懂、准确无误，工艺图样编号按厂标规定执行。

二是设置现场质量控制点。设置部装车间铆合班和金加工车间镜座质量检验点两个。

三是编制作业指导卡。考核工序质量和工艺纪律。

四是工艺现场服务和工艺纪律检查。工艺员、工艺装备设计员、施工员担任和组织技术服务工作，以"预防及控制"为主，面向生产，面向基层，主要解决零件在生产过程中出现的工艺或工装设计技术问题；工艺、质量检验部门组织对工艺纪律的监督检查，处理日常发生的工艺纪律问题并做出评定；劳资部门负责工艺纪律检查的奖惩。

1980年，工厂根据自身设备及技术条件编制了《工艺编制》手册，并以此为工艺设计的技术标准。1981年，在对产品图纸进行全面审核的基础上，组织人员对金加工、冲压件加工、热处理等零件工艺进行了整改，按照《工艺编制》的要求，编制新的生产工艺并绘制《照相机生产工艺和装配流程图表》，将工艺路线划分清楚，依照工艺要求分别设立各种车间。生产科为了满足工艺流转的需要，成立半成品周转仓库，增添各种类型的工位器具。工艺科负责制定《工艺技术操作规程》，使照相机生产进入了一个新阶段，促进了照相机产量及质量的大幅提升。同期，工厂还编制了《工艺纪律条例》和《照相机生产必备条件考核办法》，从而保证了产品质量的稳步上升。1982年，工厂加强工艺管理。6月，制定《工艺管理制度》，配套编制工艺规程和设计工艺装备的工作细则，对产品图纸、结构工艺性审查、工艺方案拟订、工艺规程编制、工艺装备设计、工艺文件审批、工艺文件会签、工艺文件验证、工艺技术服务以及工艺文件修改等做出了具体规定。此外，工厂还为自制专用设备、材料工艺定额、工时定额、技术革新、科研管理、工艺情报"三化"、资料归档、工艺发展、车间技术组以及工艺组等编制了相关规定，并建立了工艺员、设计员、描图员、内勤统计员等岗位责任制，进一步完善了工厂的工艺管理。至1985年，红梅牌1型120照相机的工艺文件全部编制完成，JG304A型照相机的工艺文件大部分编制完成；制定的工艺标准有冷冲模具标准六类70种和塑料注射模具标准一类 31 种。从建厂以来，每开发一款产品新制工艺装备约 250 副。至 1985 年，常州照相机总厂 10 款照相机产品的入库工艺装备有 2 522 副，对保证产品质量及安全操作，提高生产效率及经济效益等起到了积极的作用。

建厂初期，新产品开发由技术科设计组负责。1982 年，单独设立设计科，有 18 人。1984 年，工厂管理体制改革，成立产品开发部，下设产品室 13 人，负责新产品的开发工作。1985 年，撤销产品开发部，恢复设计科，成立总工程师办公室，负责新产品开发的计划协调工作。

常州照相机总厂的新产品开发主要是根据上级有关部门的指示和当时国内外市场的需求及发展趋势，制订年度试制规划和中长期开发规划，其过程可分为四个阶段。

1. 计划阶段

根据国家经济政策和国家产品规划，对产品技术现状和趋势进行市场调查及用户调查，收集国内外同类产品技术资料，编写产品开发建议书和可行性分析报告，制订产品发展规划。经厂长或上级机关审批下达任务书，确定试制项目，成立课题组，编写国内外产品对比资料，搜集先进产品样机，研究结构及部分测绘。根据标准要求，编制产品设计任务书，由总工程师办公室组织有关部门对设计任务书进行会审。

2. 设计试制阶段

在上级审批设计任务书后，编制产品方案及总体设计，评定是否达到设计任务书的要求，分析结构先进性、生产可行性和经济合理性，然后编制设计工作计划。技术设计包括：系统及整机结构设计与计算；外形设计与工艺要求；绘制总图、系统图、原理图、装配图；关键技术先期试验；成本预测报告；配套、外协、外购标准件汇总表。工作图设计包括：设计绘制零部件工作图；编制各种技术文件和目录；关键零部件计算书。在审校全套工作图后制订样机试制计划，工艺科编制工艺方案，生产科下达生产任务，有关科室和车间试制零件及刀夹量具，质量检验科对零件检测、主要件精测以及外协外购标准件验收。样机装调后，设计科负责对样机进行参数测定、性能试验，评定样机性能是否符合设计任务书的要求，评定图纸质量、加工质量、外协外购标准件质量。在进行样机及主要零件测试后，编制试验大纲进行试验，收集用户意见，编写试制报告，并对样机的可靠性、耐久性、外观质量、维修方便与否、能否进行样机鉴定等做出评价。通过标准审查后，整理全套图纸、汇总表以及鉴定技术文件，组织厂级样机鉴定会，审定样机是否达到设计任务书的要求。然后，整理鉴定图纸、文件，上报审批，由省（市）、部级鉴定，审定样机是否达到设计任务书的规定指标，审查样机的适用性，并决定能否投入批试生产。

3. 生产阶段

在厂部审批投产经费计划后，总工程师办公室负责编制生产纲领，产品图纸及文件归档，发放批量试制用图。在做好生产准备及计划协作后，生产科负责编制生产计划。工艺科负责编制工艺方案，做好工艺技术准备，包括：工艺技术文件毛坯图；工时、材料定额；设计工装专机及专用工具；提出外购的工量具清单；检验工艺规程并组织工艺验证审查会。在上述工作完成后，厂部组织批量生产鉴定，审定工艺、工装专机、刀具检测手段、管理能否保证生产合格品，审定批量生产成本及经济效益。在批量生产鉴定后，组织产品试销，进行市场调查，确定正式生产纲领，投入正式生产。

4. 销售阶段

由厂部、总工程师办公室组织各部门参加用户调查，对产品质量做出最终评价。

在具体的工艺与技术改革方面，1976年，工人自行改装半自动手扳铣床，提高工效10倍，后改进使用至20世纪80年代末。1978年，金工车间工人自行设计制造塑料主体半自动多孔专机，提高钻孔工效6倍，为红梅牌2型照相机大批量生产创造了条件。1979年，工厂着重研究和采用超速合金、装潢印刷和120塑料对焦镜片三种新工艺。同年，机修车间与上海照相机厂联合设计制造ME240型自动车刀磨刀机，使工厂改善了车刀送外加工、代磨时间长、费用高、影响生产进度等状况。

20世纪80年代是技术与工艺改进最密集的时代，其中不乏对关键制造设备的改进，以符合未来批量化生产的需要。主要就是围绕产品品质、加工成本、生产效率等各种要素展开综合性平衡的工艺与技术的改进活动。

1980年9月，对快门座板弯曲模进行改良，提高正品率5倍。12月，对原报废双头自动车床进行改良和革新，提高工效1.5倍，为工厂回收机床费35 000元；电镀车间应用酸性光亮镀铜新工艺，解决了镀铬铁件需抛光以及防腐性能差等问题，既提高了工效，每年还可节约材料费3 700元。

1981年，自制烫边机、专用铣床。自制皮腔冲孔夹具。3月，改良光圈叶片冲孔模的材料、加工工艺及热处理技术，提高了模具质量，延长了使用寿命。4月，改良202卷片撑牙落料工艺，提高正品率8倍。5月，使用快门壳加工流水线，提高工效1倍；革新镜片粗磨成盘加工工艺，提高工效2倍。9月，自制塑料破碎机，年节约外协加工费5 000余元。10月，革新烫金专用机，提高工效3倍。11月，改良自动车凸轮，年节约攻丝费10 000余元。12月，革新微粉精磨工艺，提高镜片生产效率3倍。

1982年，对快门底板冲孔模等多种照相机零件的模具结构进行改良，提高工效2至4倍。6月，应用光学镜片大平面微粉精磨新工艺，使每盘镜片磨削时间从50分钟缩短到3分钟，提高工效15.7倍。10月，改良快门底板7柱铆合夹具，提高工效6倍；改良大机壳、方机壳铆合夹具。12月，改良顶盖衬板立柱铆合夹具，提高工效5倍；自制快门、光圈叶片除油防锈滚光机，提高工效近60倍；自制自拍齿轮检测校正仪，改进零件质量检测方法。助理工程师诸祥兴自行设计制造了快门主要弹簧耐久性模拟试验仪，填补了当时国内弹簧测试的空白。

1983年，应用塑料圆周表面印刷新工艺，为塑料件的表面印刷提供了生产方法；应用ABS工程塑料表面喷涂新工艺，提高了零部件质量和相机装潢水平。2月，革新光亮淬火应用工艺。4月，自制三辊卷圆机，改良红梅牌1型照相机顶盖闪光灯插座塑料烫焊夹具。5月，自制翻板卷管夹具。7月，电镀车间革新钛挂具镀镍，镍板利用率达100%，年节约镍板360 kg。8月，自制闪光灯插座整形模。10月，自制快门壳闪光灯插座铆夹具；金工车间自行设计、制造六角滚光机，填补了设备空白；革新取景框夹具，提高功效5倍。11月，自制红梅牌5型前物镜筒翻边机，保证了生产需要。

1984 年 5 月，应用酸性化学除油新工艺，使电镀零件一次合格率从 70% 提高到 90% 以上。6 月，改良照相机零件叶片滚光机，提高生产效率 3 倍。7 月，革新无电解镀镍工艺，使照相机零件经电镀表面处理后，镀层外观光亮、孔隙小、抗腐蚀性能强，年提高经济效益 10 000 余元。9 月，革新自动车夹头研磨机，年节约费用 5 000 元。10 月，应用滚镀黑镍新工艺，减少了复杂的手工操作，提高镀小件黑镍工效 10 倍。12 月，革新半自动气托式铆轮机，年提高经济效益 50 000 余元。

1985 年，试制闪光灯线路板测试仪、鉴别率拍摄工作台、304 系列主体测试仪，改进了检测方法；改进 135 对焦仪、1 型物镜架注塑模结构，提高工效；改良 C708 型机床和多头螺纹加工机床。3 月，工程师刘亚煊设计试制 JG304A 型照相机顶盖塑料膜；应用电镀挂具绝缘涂料，降低了电流的消耗，提高了镀槽设备的利用能力。

四、品牌记忆

1988 年 9 月起，受国家教委派遣，冯禹作为访问学者到印度进行了为期一年的学术研究。在此期间，冯禹受常州照相机总厂委托，在热带气候条件下对红梅牌 JG304A 型照相机的耐受性进行试验，验证红梅牌照相机出口的可能性。同时，也对印度的摄影器材市场进行了调查。

赴印度携带的红梅牌 JG304A 型照相机是由常州照相机总厂提供的。为了防止样机是经过特殊加工的，有可能质量高于市场一般水平，冯禹特地到北京西单商场将厂方寄来的样机与柜台出售的照相机进行了调换。他携带的就是一台市场上销售的普普通通的红梅牌 JG304A 型照相机，而这台照相机成功地经受了各种恶劣条件的考验。

印度的天气极为炎热，具体来说又分为两大类型：中北部平原为干热型气候，除 7~9 月外，基本没有降水，5、6 月的气温维持在 40℃ 上下，最高时可达 48℃；南部沿海地区为湿热型气候，终年盛夏，湿度极大。毫无疑问，这种炎热的天气对于照相机的机械及电气元件都是严峻的考验。冯禹携带红梅牌 JG304A 型照相机在

使用须知

熟悉照相机性能 将指导您运用自如

机构名称

1. 计数器
2. 快门按钮
3. 光圈调节杆
4. 调焦环
5. 内装闪光灯
6. 闪光灯开关
7. 灵敏度指示
8. ASA 调节环
9. Cds 测光窗
10. 自拍杆
11. 闪光灯

12. 闪光灯充电指示灯
13. 过片扳手
14. 取景器
15. 测光钮
16. 后盖开启扳手
17. 后盖
18. 卷片轴
19. 倒片松开钮
20. 过片齿轮
21. 电池盒盖

1. Counter Winder
2. Shutter Release button
3. Aperture Setting Lever
4. Focusing Ring
5. Built-in Flash Unit
6. Flash ON OFF Key
7. Sensitivity indicator
8. ASA Setting Ring
9. Cds Setting Window
10. Self Timer Lever
11. Flash

12. Flash Charge Indicator Lamp
13. Film Advance Crank
14. Viewfinder Eyepiece
15. Light measuring button
16. Back Cover open lever
17. Back Cover
18. Spool
19. Film Rewind Releasing Knob
20. Film Handling Sprocket
21. Film/Battery Compartment Cover

注意事项 Maintenance of camera

自拍器用法 Usage of self-timer

闪光灯使用方法 Flash

闪光灯工作原理 附电路图

确认正确曝光显示 Light measuring and focusing

取出胶卷 Film unloading

可拍摄范围 Taking Range

装入电池 Battery loading

胶卷装填方法 Film loading

图 2-45 红梅牌 JG304A 型照相机使用须知

图 2-46 红梅牌 JG304A 型照相机的简易拍照教程

印度各地旅行，南至沿海城市本地治里（Pondicherry），北至印度首都新德里，拍摄彩色负片和反转片共六卷，包括在潮湿的海滩和干燥酷热的平原进行拍摄，照相机始终能正常工作，拍摄效果理想。

冯禹携带的红梅牌 JG304A 型照相机是不带皮套的，仅放在一个普通的尼龙书包中，在旅途中曾多次受到强烈震动及冲撞挤压。其中最严重的有两次，一次是整个书包由 1.5 m 高处落地，照相机安然无恙；另一次是在拥挤不堪的公共汽车上，照相机的闪光灯意外弹出但未被察觉，闪光机构连续充电约 36 小时，直至电池电力耗尽，更换电池后照相机工作一切正常。这些经历都使冯禹不得不由衷地赞叹红梅牌 JG304A 型照相机过硬的质量。

从摄影效果来看，红梅牌 JG304A 型照相机也是令人满意的。无论是远景、近景、室外自然光、室内灯光，还是逆光时用闪光灯补光，均能取得较清晰的成像。只是测光结果略低，若将光圈开大半挡则效果更佳。

考虑到其低廉的价格，应当说红梅牌 JG304A 型照相机是当时十分出色的 135 平视取景照相机。

从技术发展的角度来看，我国照相机产业和先进国家相差了 15~20 年。20 世纪 80 年代初开始，国外产品已经向电子化、塑料化、全自动化方向发展，而小型化的比例更高。1981 年，日本的小型照相机普遍具备了自动对焦、自动输片、自动日历、自动指示、双焦距等功能，并已出现防水、防尘、全天候等功能的照相机，当时中国的产品还是以传统的机械相机为主。综上所述，那个时期我国的照相机无论在工业技术、产量、社会保有量、消费能力等方面还处在比较落后的状态，反之也说明我国照相机业尚处在发展时期，具有发展空间。

正因为看清楚了照相机产业的这一趋势，常州照相机总厂提出了相应的生产发展战略：技术上借鉴国外的先进科学技术与经验，向电子化、塑料化、小型化方向发展，进行全方位及系列化开发；经营战略着眼于国内、国际两个市场，加快技术进步，形成规模生产，使工厂成为外向型、集团型、科研型的照相机生产基地之一。

20 世纪 80 年代初开始，该厂不惜投入资金在全国选取典型城市设立信息点，定

图 2-47 杂志封面上的红梅牌 PT4-EM 型照相机

期走访、座谈，通过多种渠道收集、分析市场信息，并以此作为经营决策的重要依据之一。针对当时市场调研的情况，低档 120 照相机占据的市场需求比例相当大，常州照相机总厂开发了红梅牌 120 照相机。实践证明，当时的这项决策是非常正确的。1980 年，沈鸿亲自指导 120 照相机的开发。照相机是光、机、电、塑一体化的技术密集型产品，具有零件小、精密，以及对工厂人员素质、设备、技术加工水平等都有较高要求的特点。20 世纪 80 年代中期，虽然常州照相机总厂基础差、技术力量薄弱，但经过努力生产低档 120 照相机是完全有可能的，所以常州照相机总厂并没有去争做较高水平的照相机，而是生产别人不做而他们能做的适销对路的产品，采取拾遗补缺的生产思路。这与沈鸿同志对照相机技术与市场需求吻合的预见不谋而合。

20 世纪 80 年代中期，随着科学技术的发展与人民生活水平的提高，市场需求有了新的变化，消费结构也急剧改变。人们对照相机的需求从黑白转向彩色，从 120 照相机转向 135 照相机。针对可预见的消费趋势，常州照相机总厂及时地调整了产品结构，研制 135 照相机的主要特征，开发了带电子测光与内藏闪光的 135 机械快

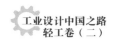

门平视取景照相机。这类半自动塑料照相机能够满足家庭日常及旅游的需要，具有操作简便、成像清晰、色彩逼真、重量轻、价格便宜等特点，赢得了用户的好评。为满足不同层次人群的需求，工厂又开发了从 100 元至 300 元不等的系列产品，以及功能更加完善的电子快门自动曝光照相机。在开发这些照相机时，常州照相机总厂的工程师并没有把主要精力投入到金属型照相机上，而是走了一条电子化、塑料化、系列化的自我发展道路，形成市场差异化竞争。

20 世纪 90 年代初，照相机已开始向电子化、塑料化方向发展，红梅牌 2 型照相机一开始就采用塑料机身，其优点是重量轻、工艺简便、易批量生产、成本低、经济效益好。考虑到广大人民群众虽然生活水平有所提高但并不富裕的情况，照相机只有做到"价廉物美"才会更具市场竞争能力，常州照相机总厂采用了"薄利多销"的经营战略。虽然一台照相机赚几元、十几元，但因量大也取得了较好的经济效益。红梅牌照相机在产品广告中的诉求也是十分亲民的，没有宏大的场面背景，也没有耀眼的技术，呈现的只是平凡的生活景象，因而能够得到大众的认可。

图 2-48　红梅牌 135 照相机广告

五、系列产品

1. 红梅牌4型照相机

红梅牌4型照相机是在红梅牌2型照相机的基础上改进设计的。1978年，红梅牌2型135塑料照相机在投放市场后，以其价廉物美的优点受到了广大用户的欢迎，但是后来因为结构简单、性能不全，所以在销售方面遇到了阻碍。在常州市有关部门的支持下，1979年10月由助工王必文等负责开始设计和研制红梅牌4型135照相机。该款产品对红梅牌2型照相机的造型进行了改进：放大镜头筒，将光圈从f8扩大到f5.6；将原来机械快门曝光选择对应的阳光、阴天等挡位符号改为可变光圈、速度的通用标识符号，光圈有f5.6、f8、f11、f16、f22五挡，快门速度有B、1/50秒、1/100秒三挡；增加直接触点式闪光灯插座；镜头与机身用M39×1螺纹连接，镜头可取下当作放大镜使用。1980年底，试装出一台样机，拍摄效果良好。1981年，对样机进行分析，进一步改进图纸并组织工艺、工装设计，年底进行150台小批试装。1982年，对图纸在标准化等方面进一步改进。1982年12月29日，由市科委、机械工业局主持召开红梅牌4型135照相机鉴定会议，根据机械工业部和杭州照相机械研究所的鉴定测试，审核技术文件，确认红梅牌4型135塑料照相机整机性能的各

图2-49 红梅牌4型照相机

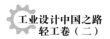
图 2-50　红梅牌 4 型照相机使用说明书

图 2-51　红梅牌 4 型照相机产品说明书中的介绍

项技术指标符合企业标准，设计工艺资料齐全、完整，基本正确统一，同意定型生产。1982 年至 1984 年，共生产红梅牌 4 型照相机 5 650 台。但是由于红梅牌 4 型照相机外插闪光灯同步装置的质量以及投放市场后销售不理想等原因，1985 年工厂决定不再投产该款产品。

2. 红梅牌 7 型照相机

1984 年，在红梅牌 JG304A 型照相机的基础上，去掉自拍装置和电子测光两个部件，派生出红梅牌 7 型 135 内藏闪光照相机。1985 年，去掉凤凰牌 JG304A 型照

图 2-52　红梅牌 7 型照相机

图 2-53 彩虹牌 MD-35 型照相机

相机的自拍装置，派生出红梅牌 JG304A-1 型 135 内藏闪光电子测光照相机。同年，着手四种新产品的设计与改进：具有自动曝光、电子自拍、电子快门功能的 HM-EF 型照相机通过部级样机技术鉴定，这是与杭州照相机械研究所和北京 608 厂联合设计的；HM-DF-TTL 型单镜头反光照相机完成了方案、光学镜头、镜头结构的设计；HM-PT1-EM 型照相机确定了带电子测光和不带闪光的设计方案；手动卷片 HM-PT2-EMF 型照相机完成了改进设计。

3. 组装彩虹牌 MD-35 型照相机

彩虹牌 MD-35 型自动卷片内藏闪光 135 照相机是由日本富士相机公司设计的一款派生产品，原由香港丰利公司购买设计图纸，由其下属子公司丰达仪器有限公司组织生产。该机镜头及马达均为外购件；塑料主体及关键件由日本公司制作模具，然后由香港丰利公司下属塑胶公司生产；机加工件由香港丰利公司组织生产，丰达仪器有限公司装配。由于该机具有自动装片、卷片、停片，自动上快门，低照度警告，内藏闪光等性能，为中档旅游型相机，因此在国际市场上有一定竞争力。1984 年 9 月，常州照相机总厂与香港丰利公司洽谈散件组装事宜，就组装 2 万套散件签约，并报经中国轻工业品进出口总公司及机械工业部批准。同年10月，工厂对提供的第一套散件组织了产品开发部设计室的相关人员进行试装。1985年3月，工厂派出厂长助理、助工殷忠富和装配车间副主任胡征民去香港学习装配技术及生产管理，确定了辅料工具，购买了一部分仪器和工具测试夹具。在试装过程中，为了保证装配质量，工厂自制了测试仪器4套（测马达电流1套、测卷片器电流1套、测整机电流1套、测闪光灯充电电流1套）、手铆夹具15副、测卷片力夹具1套、烫铆夹具1套。1985年4月下旬，装配5台，经检验测试合格。1985年6月初，丰达仪器有限公司派技术人员来厂进行技术指导，并带走2台组装好的样机，回港检验测试合格。1985年10月，江苏省机械工业厅委托常州市机械冶金工业公司主持彩虹牌MD-35型照相机散件组装鉴定会，有11个单位的18名代表参加。11月，经市标准局批准，彩虹牌MD-35型照相机定为常州市暂行标准，代号为"苏Q/C·JB193-85"。至1985年年底，常州照相机总厂共组装彩虹牌MD-35型自动卷片内藏闪光135照相机7 550台，剩余部分在1986年组装完。在组装彩虹牌MD-35型照相机的同时，曾测绘设计手动卷片同类型照相机一种，但当时市场上同类产品较多，因此未能批量试制。

第五节　其他品牌

1. 红旗牌照相机

1970年，我国照相机发展史上具有历史意义的专业级产品之一开始投放市场，这就是红旗牌20型照相机。红旗牌20型照相机是上海照相机二厂的产品，借鉴极具盛名的徕卡M3型照相机，是高档135照相机。至此，"东风"和"红旗20"开始在我国的照相机市场上齐头并进，标志着中国照相机工业开始具备制造精密高档照相机的能力。

图 2-54　红旗牌 20 型照相机

　　红旗 20 是希望向国庆 20 周年献礼而立项的一个项目，原型机于 1970 年完成，从上市到 1977 年停产，共生产了 271 台。红旗 20 最初大约生产了 10 台。通常版本的卷片扳手上有与徕卡 M4 型照相机一样的黑色塑料盖，但初期版本上没有。另外，初期版本的后盖和徕卡 M 型照相机一样带有小窗口，但通常版本的后盖是横向全开式的。与通常版本相比，初期版本的背带环的位置也比较低。初期版本的胶卷感光度转盘是白色的，而通常版本是黑色的。

　　红旗 20 有英文说明书，鲜红色的封面让人感觉到时代的气息。说明书的内容与一般的照相机相同，是送给来自外国，特别是社会主义友好邻邦的客人的。机身的包装盒可能也是鲜红色的，摆在一起定会给人留下深刻的印象。

图 2-55　易取、换胶卷的横向开关

图 2-56 红旗 20 和三种镜头

　　红旗 20 基本上是以徕卡 M3 型、M4 型照相机为原型设计的。倒胶卷的轴、快门旋钮、取景器窗口、计时器、取景器切换手柄等平面设置均参考徕卡 M4 型，但机身与徕卡 M4 型照相机的左右圆边不同，采用的是八角形的。从这一点来看，也可以说红旗 20 与徕卡 M5 型相类似。倒胶卷的扳手不是斜式的，折叠收藏起来呈水平状，这一点与徕卡 M3 型、M4 型和 M5 型都不同。倒片扳手的基础部分有胶卷感光度（DIN）的显示器。换胶卷需要横向打开后盖，这也与徕卡 M4 型不一样。快门使用的是布帘横走式焦平面快门，快门速度为 B、1~1/1 000 秒，1/30 秒至 1/60 秒中间是 X 快门。X、M 接口和徕卡照相机不同，位于机身左上侧。相机包使用很厚的黑色皮革制成，净重为 620 g。

　　红旗 20 的交换镜头有三种：焦距为 35 mm、光圈最大为 f1.4，焦距为 50 mm、光圈最大为 f1.4 和焦距为 90 mm、光圈最大为 f2。三种镜头名称都是红旗 20，镜头前端刻印有工厂名和制造序号。镜头机体上有白色刻印的"中国制造"。虽然不清楚各种镜头的制造数量，但可以推测焦距为 50 mm 的镜头生产数量最多。这三种镜头是当时中国科学院光学精密机械仪器研究所与上海照相机二厂联合设计研制的。

　　焦距为 50 mm 的镜头遮光罩是嵌入式的，焦距为 90 mm 的镜头遮光罩是一体式的，还有带有三个切口的焦距为 35 mm 的镜头遮光罩。各种镜头盖上都印有红旗标记。

图 2-57　制作精良的红旗牌黄色滤光镜

焦距为 35 mm 和焦距为 90 mm 的镜头盖是金属制成的，焦距为 50 mm 的镜头盖是塑料制成的。另外还有焦距为 50 mm 镜头用的黄色滤光镜。

装上焦距为 50 mm 或 90 mm 的镜头后，取景器里会自动显示焦距为 50 mm 或 90 mm 镜头用的取景框。装上焦距为 35 mm 的镜头后则会显示焦距为 35 mm 和 135 mm 镜头的取景框，但有趣的是，红旗 20 并没有焦距为 135 mm 的镜头。另外，视差可以自动校正。

实际使用红旗 20 后就会发现，它的取景器与徕卡照相机一样好用，上胶卷也很顺利，快门轻快又安静，滤光镜做工精细，确实让人惊叹。

在光圈最大时会形成很强的渐晕，但只要缩小光圈，三种镜头的成像质量就很好。在拍摄正片时，会形成像柯达正片一样的柔和色调。因为外观与 Summilux 镜头相似，所以装在徕卡 M 型照相机上也很和谐。

焦距为 50 mm 的镜头与早期 Summilux 镜头的外观一样，与红旗机身配合得也很自然。重量适度，所以使用起来很方便。在光圈全开时，成像质量柔和光滑。最近摄影距离为 1 m，光圈叶片有 12 片，光圈最小为 f16，重量为 340 g。

焦距为 35 mm 的镜头在三种镜头里最小，重量只有 190 g。大光圈适合于拍生活照，最近摄影距离为 0.65 m，光圈叶片有 10 片，光圈最小为 f16，使用起来感觉不错。光圈调节部件结构与 Summilux 镜头一样。调焦环上的放手指挂钩用起来也很方便，但往照相机上安装时不是很顺利，特别是往徕卡 M 型照相机上安装时不尽如人意。当装在徕卡 M2 型照相机上的时候，取景框不显示，令人感到遗憾。

早期 Summilux 镜头的个性化表现力是很有名的，焦距为 35 mm 的镜头也具有相似优点。镜头的结构很可能与 Summilux 镜头的七片五组一样。在光圈全开时，成像质量与柔焦镜头类似，周边的点光极度变形，就像小鸟展翅而飞一样，幽灵光点覆盖整个画面的时候也有，但在缩小光圈后，清晰度很好，也没有什么畸变。

焦距为 90 mm 镜头显得比较沉重，重量为 675 g。一体式遮光罩用起来很方便，适合拍摄人物。但在光圈全开时不容易对焦。最近摄影距离为 1 m，光圈叶片有 12 片，光圈最小为 f22，附带有大、小两种三脚架螺孔。

要想确认徕卡 M3 型、禄莱双反或者红旗 20 是否在中央新闻报道机关使用过，位于北京新华社旁边的摄影器材销售店的橱窗是个好地方。红旗 20 只展示不出售，但有徕卡 M3 型和禄莱双反的二手相机出售。20 世纪 90 年代初，带 Xenotar 镜头的禄莱双反 f3.5 照相机在柜台里摆了有十多台，可能是因为尼康或者佳能的单反相机上市，所以摄影记者不再使用禄莱双反 f3.5 照相机了。

2. 海鸥牌 501 型照相机

海鸥牌 501 型照相机在稍微有些规模的二手照相机商店里是常规商品，很受欢迎。八角形的机身与粗圆筒形的镜头合为一体，算是比较简单的构造。机身正面设有正方形的取景器，取景器两边以手写体刻有黑色的大字"海鸥"。从正面看，机身上冒出了一个大大的镜头，有点引人发笑。

海鸥牌 501 型照相机是上海照相机五厂于 1968 年生产的，因为是第一号照相机而被命名为"501"，附有金属制的装卸式遮光片，可以很轻松地进行半片拍摄，同时还配有 135 胶片的接合器。

海鸥牌 501 型照相机并不是简单照搬了某个国外产品的模型，它是中国自行设计的一款照相机，生产序号并未标在机身上，而是标在了镜头圈上。顶盖上醒目地刻有被人们所熟知的海鸥飞翔的图案，在图案的上下分别用黑色刻有"501"和"上海照相机五厂"，其右侧红色手写体"为人民服务"几个字也是这款照相机的特点之一。

这款照相机的镜头焦距为 75 mm，光圈最大为 f4.5。镜身上刻有 4.5、5.6、8、11、22 的数值表示不等值间隔。没有自动对焦机构，需要目测。快门速度分为 B、1/10 秒、1/25 秒、1/50 秒、1/100 秒、1/200 秒六挡，也为不等值间隔。通过旋转镜头前方的黑框可以调节焦距，最近摄影距离为 1.2 m，镜头构成为三片三组。

这款照相机外观朴素，令人觉得拍出的照片会像便宜的箱式照相机那样，周边画面模糊不清、畸变严重，但实际的拍摄效果出人意料——照片里两边的高楼的竖线并没有出现畸变，周边画面也没有太大的破绽。虽然并未考虑到彩色照片时代所用的镜头，但是用正片拍摄时，颜色效果并不差。

海鸥牌 501 型照相机并不是高级照相机，但镜头采用三片三组结构还算比较正规。它本来就不是面向初学者的产品。从外观来看，有人错认为它与日本富士佩特（FUJIPET）照相机一样，里面有弯曲的胶片引导护栏，但是打开内盖后就会发现它是直线形的，将这种结构的镜头设计成弯曲形是没有必要的。

作为体现当时时代特征的产物，红旗牌照相机是最出名的，此外还有刻有"为

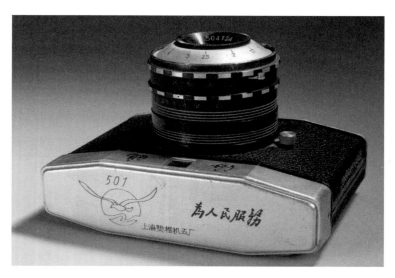

图 2-58 海鸥牌 501 型照相机

人民服务"或"毛主席万岁"的北京牌 SZ-1 型照相机，而在这些照相机里最常见的就是海鸥牌 501 型了。这款产品是在节俭的思想指导下推出的，美观、品质等要素均被忽略，只保留了基本的功能。

"海鸥"两个字被分别置于取景器的两侧，显得字比较大，而品牌标识与制造厂名都置于顶盖之上，比较特别的是，生产序号刻在了镜头圈上而不是刻在机身上。这款产品的使用方法很简单：打开横开式后盖，把胶卷放入左边的胶卷室，然后连接到右室的卷轴上，这与一般的 120 照相机相同。机身采用全金属材质，重量为 690 g，宽度为 13.5 cm，虽然看起来很大，但是感觉不重。八角形的机身易于持握，快门和光圈的调节环易于操作。将镜身前面的快门设定扳手拉下，再把镜身底部的快门拉杆向下拨后，快门就启动了。调焦是目测式的，取景器小且没有取景框，因此拍摄范围不明确，这一点让人感觉很困惑。

上胶卷没有采用自动停止方式，要通过看内盖的窗口进行确认，有 12 片和 16 片用的两个窗口。上胶卷的触感不好，这是因为机身内部分左、右胶卷室的原因。这虽然是为易于装卸胶卷而想出的办法，但是由于完全没有摩擦，在上胶卷的过程中有时会有空转的情况。在使用 135 胶卷的适配器时，可以通过机身右后方伸出的卷片扳手上写明的对照表确认拍照张数。

3. 南京牌照相机

1958 年，在上海照相机厂成立和上海牌 58 型系列照相机的成功形成产业生产的背景之下，江苏省南京光学仪器厂试制了 100 多台长江牌联动测距相机。然后，其改良型南京牌照相机诞生，在短期内上市，共生产 600 台。

南京牌照相机在功能和造型上参考苏联费特 2 型照相机，但费特 2 型照相机本身也是借鉴徕卡照相机。南京牌照相机的诞生源于上海牌 58 型系列照相机的激励，该机性能方面以上海牌 58 型系列为目标，因此二者在性能上并无太大区别。

南京牌照相机的外观与苏联费特 2 型照相机基本相同。机顶部分刻印醒目的"南京"二字和生产序号。四方形取景器与圆形测距仪之间刻印"南京光学仪器厂"，其下是"中国制造"的字样。"南京光学仪器厂"的字体很特殊，这种在照相机正

图 2-59　南京牌照相机

面刻印生产厂家的照相机还是很罕见的。这款产品使用焦平面快门，快门速度分别为 B、1/25 秒、1/50 秒、1/100 秒、1/250 秒、1/500 秒。

上胶卷的旋钮下面有调整取景框的扳手。镜头参考茵度斯塔尔焦距为 50 mm、光圈最大为 f2.8 的镜头，光学结构为四片三组，接口是螺旋式的。

4. 东方牌照相机

1964 年，S-1 型相机诞生。1965 年起，天津照相机厂参照雅西卡镜间快门相机，生产 S-1 型、S-2 型、S-3 型、S4-35 型等照相机。

这些相机之间性能并无巨大差异，只是取景器的窗口被增大了两次，快门按钮的设计进行了少量的改变。

机身正面刻印醒目的"东方"二字，机身宽度与海鸥牌 205 型照相机相同，为 13.5 cm，操作起来非常顺手，重量为 760 g，镜头焦距为 50 mm，光圈最大为 f2.8，快门速度为 B、1~1/125 秒、1/300 秒，还有自拍功能，最近摄影距离为 0.8 m，光圈叶片为 5 片，光圈最小为 f16。

双影重合式取景器整体为青色，视觉效果不佳，但有调整视差的高级功能。该系列照相机最大的特色是上胶卷时感觉轻柔光滑，而且倒胶卷的旋钮同时倒转，可以令人确信有胶卷在里面。

图 2-60　东方牌照相机

5. 虎丘牌 35-1 型照相机

　　江苏照相机厂于 1976 年开始生产联动测距小型手动相机，宽为 12 cm，重量为 560 g，尺寸与一般的小型照相机相同。从 1976 年到 20 世纪 80 年代中期，共生产了 5 万多台。1983 年，因为质量问题曾被江苏省机械厅责令停产，第二年经过改良通过检测之后才得以重新开始生产。

　　该款产品的镜头焦距为 45 mm，光圈最大为 f2.8，有青紫色镀膜，快门速度为 B、1~1/125 秒、1/300 秒，最近摄影距离为 0.8 m，光圈叶片为 5 片，光圈最小为 f22。光圈、快门都是手动的。镜头上的文字既醒目又美观，带自拍功能，也有热靴，机身左侧有闪光灯同步线插孔。

　　取景器里面用细线浮现取景框，还有近距离调整显示，把两个影像调到取景框中间的长方形测距仪上即可对焦。机身金属部分做工粗糙，磨砂面不太自然，留有

图 2-61　虎丘牌 35-1 型照相机

磨损的痕迹。调焦旋钮离机身太近，但操作起来还算圆滑。上胶片的扳手有点小，但摩擦抗力适中，触摸感还可以。上胶片的扳手的中轴上是快门按钮。镜身前部是银色的，镜头前面也有银色的圆圈，所以从正面看镜头是由双重的银色圆圈构成的。

6. 北京牌 SZ 型系列照相机

1967 年，北京照相机厂开始生产北京牌 SZ-1 型照相机。这是我国第一台发条输片相机，满弦状态下一次输片 12 幅。该款产品采用四片三组天塞型镀紫蓝色增透膜镜头，焦距为 45 mm，光圈为 f2.8，七级光圈；镜间快门，快门速度为 B、1/30 秒、1/60 秒、1/125 秒、1/300 秒，共 5 挡；亮框式取景，取景器内有半身、全身及宝塔山等多种调焦图，放大倍率为 0.5 倍，双影重合调焦；设有自动计数器。首批投产的机身左上角刻有"北京"二字，之后被"为人民服务"的字样所取代。1969 年，产品更名为长城牌 SZ-1 型，其取景器右上角仍有红色半身像、黄色双人像及绿色小亭的调焦图。后期产品取消了调焦图，观片窗口改为大孔，因此该机型以有无调焦图和窗口大小分为两种款式。1976 年，为扩大销路，北京照相机厂开始生产 SZ-1 型的简化版 SZ-2 型。该机型与长城牌 SZ-1 型照相机相比最大的变化是改动了快门的

图 2-62　首批生产的北京牌 SZ-1 型照相机

图 2-63　北京牌 SZ-1 型照相机

触发机构，同时取消了 SZ-1 型的快速调焦手柄，代之以调焦手环，整机做工也不如 SZ-1 型精致。

第三章　双镜头反光取景照相机

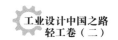

第一节　海鸥牌4型系列照相机

一、历史背景

上海照相机工业的发展是我国照相机工业发展的缩影，从中也可以看出上海轻工业产品在全国所占的地位。1924年，钱景华在上海静安寺路1447号开设景华工厂，之后成功研制出的景华环像摄影机获国家特别专利，这是上海照相机工业的起源。

中国的照相机工业是中国特有的时代背景下的结果，计划经济时期政府的引导促使照相机工业迅速发展。无论是出于军事和国防的需要，还是中国消费者市场对照相机的需求，中国在极其简陋的条件下不仅生产出了照相机这种"精密仪器"，还制造了与照相机工业相关的所有产品——镜片、放大机、印相机、胶卷、印相纸等。在中国的照相机工业中，上海的技术、产品和销量都处于全国顶尖水平，是全国照相机工业的代表。

1956年，在国家政策的支持下，全国各地的照相机厂如雨后春笋般涌现。北京、天津、上海、南京、广州、重庆等城市相继建立了照相机厂，用四年的时间初步建立了我国照相机工业的基础。但是，计划经济体制导致诸多厂家缺乏对市场的研究，盲目上马相机产品，所以在全国范围内虽然品牌众多，但产品雷同。

1961年，我国经济出现困难，照相机工业颇受影响。1963年，按照中共中央提出的"调整、巩固、充实、提高"八字方针，上海照相机工业进行结构调整：上海照相机厂专门生产较高档照相机；一分厂、二分厂独立，分别更名为上海照相机器材二厂和上海照相机二厂，专门生产曝光表、闪光灯等配套摄影器材和中档照相机。

图 3-1　上海照相机厂的工人们正在加班加点研制新型照相机

1961年3月，上海照相机厂研制出上海58-Ⅳ型120双镜头反光相机。双镜头反光相机简称双反相机。由于该机零件多为手工制作，机械性能难以达到要求，特别是快门不稳定，一直未正式投产，只在试制期间生产了11台样机。1962年，上海照相机厂发布了"上海牌"名称，将上海58-Ⅳ型进行调整后定名为上海-Ⅳ型。该机采用弹性滚轮自动停片装置，以f2.8大口径取景，直读式调焦，首批于1963年7月正式投入生产。上海牌双反相机的诞生标志着我国照相机生产技术走向成熟，为我国照相机制造业树立了一个典范，它以有限的工艺水平获得了最大的技术效益。

1963年9月，由于国家规定不能使用地名作为品牌名称，上海照相机厂将"上海牌"更名为"海鸥牌"，"上海-Ⅳ"型变成了"海鸥-Ⅳ"型，这是海鸥牌4型系列照相机产品的奠基型机种。海鸥牌4型120双镜头反光照相机因款式新、质量

图 3-2　海鸥牌 4 型照相机，左为 4A 型照相机，右为 4B 型照相机

图 3-3　海鸥牌 4A 型照相机与海鸥牌 4B 型照相机在操作面板设计上存在巨大差异

优而深受消费者喜爱。1964 年，该产品首次参加广州交易会，当年年末出口 2 300 台，开创了中国照相机出口的先河。1968 年，上海照相机厂正式使用"海鸥牌"注册商标，并相继推出了 4A、4B、4C 等型号。从此"海鸥"飞出上海，成为新中国照相机工业的标杆。

　　海鸥牌 4B 型照相机是 4 系列中的普及版产品，简化了 4A 型的部分功能。海鸥牌 4A 型照相机的物镜焦距为 75 mm，光圈最大为 f3.5，取景镜焦距为 75 mm，光圈最大为 f2.8，采用镜间快门，快门速度为 B、1~1/300 秒，有自拍、闪光联动、多次曝光等功能，这一系列功能当时只有在专业摄影师及新闻工作者所用的照相机上才有。

图 3-4　工人正在对照相机进行出厂前的最后检测

海鸥牌 4B 型照相机的售价相对于 4A 型便宜很多，所以受到普通摄影爱好者的欢迎。海鸥牌 4B 型照相机在 1969 年至 1989 年期间共生产了约 127 万台，最高年产量达 8.5 万台。该系列照相机在以委托加工方式出口日本时使用"TEXER"品牌，出口德国时使用"KALIMAR"品牌。中国国产照相机在结构、外观未做任何改动的情况下能在外国进行销售在当时尚不多见。

二、经典设计

1963 年初，上海照相机厂对上海牌 4 型自动定片装置进行改进，由原来的大旋钮卷片改为摇柄式。随着名称的改变，1966 年 3 月正式投产的机型被称为海鸥牌 4A 型。之后不久厂家又对镜头及取景器做了改进，但外观上并无差异。海鸥牌 4A 型照相机的最大特点是采用了机械式上胶卷机构，快门与上胶卷联动起来，适用于高速摄影，其主要顾客是新闻记者等专业摄影人士。刚开始销售时，一般摄影爱好者很难买到该款产品。海鸥牌 4A 型照相机在生产过程中曾做过多处改动，例如，在中期机型上将"上海照相机厂"的字样改为"中国上海"；在中期产品的后半期，在调焦钮上安装了防滑胶皮，使其更具高级感与专业感，同时推出一批黑面板机型，丰

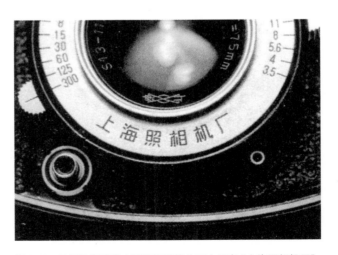

图 3-5　早期的海鸥牌 4 型照相机镜头下方印有"上海照相机厂"字样

图 3-6　中期的海鸥牌 4 型
照相机镜头下方改为"中国
上海"字样

图 3-7　后期的海鸥牌 4 型
照相机为增加产量而大量使
用塑料零部件

富了产品线；在后期产品上，将调焦钮及照相机底部三脚架螺孔改为塑料材质，前
面板一律改为黑色。

　　如果说海鸥牌 4A 型照相机是海鸥牌 4 型的升级版，那么 1967 年开始研发的海
鸥牌 4B 型照相机则是海鸥牌 4 型的简装版。作为当时中国人较为熟悉的照相机，海
鸥牌 4B 型定位于"简装品"，首先从使用的角度来构思设计，即如何使技术更好
地为消费者服务，然后再考虑形态、色彩、材质、肌理等体现感性价值的设计要素。
因此，设计该款产品的直接目的是"实用"，即外观和结构不求太复杂，但成像必
须清晰，操作一定要得心应手，适合大批量生产加工，价格低廉。总之，这是一款

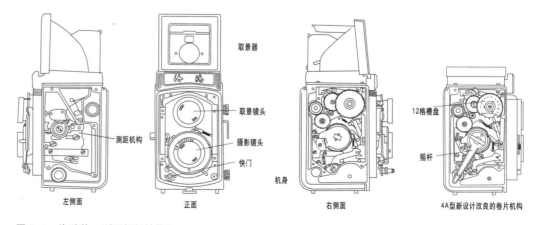

图 3-8　海鸥牌 4 型照相机结构图

操作简便、价格适中的"全民相机"。

海鸥牌 4B 型照相机在造型和功能上继承了海鸥牌 4 系列的经典设计，而"海鸥4"即原来的"上海 58- IV"。

上海 58- IV 型 120 双镜头反光相机的基本结构参照了德国禄莱 120 双镜头反光相机，那是当时专业摄影人渴望得到的一款专业相机。

考虑到产品的特性和用途，海鸥牌 4B 型双反相机的色彩选用了简洁大方的黑色。在材质方面，机身整体选用铝壳，部分按钮采用塑料以降低成本。机身材质表面的肌理选用"鳄鱼皮"纹样，不仅外观具有高档感，而且从消费者使用的角度考虑，"鳄鱼皮"纹样有一定的防滑作用。

海鸥牌 4B 型双反相机的品牌标识有三种形态：相机顶面的钻石形标识，内有海鸥的英文字母与海鸥的图案组合；相机正面上端是汉字"海鸥"，字体采用柔美飘逸的书法体；相机正面的镜圈上刻印"海鸥"二字的拼音。三种不同形态的品牌标识分别置于不同的位置，仿佛在时刻提醒着人们：这是一台海鸥牌照相机。

位于机身侧面的卷片、对焦及快门等按钮，由于需要经常与手部接触，表面被

图 3-9　海鸥牌 4B 型照相机整机　　　　图 3-10　浮雕造型的产品名称

图 3-11　齿轮式的旋钮

设计为"齿轮式"纹样，以便增加摩擦力，方便使用者精确操作。

　　海鸥牌 4B 型双反相机背面右下方的两个小孔是"红窗计数器"。在卷片时，先开启计数红盖板，再慢慢转动卷片钮。当拍摄 16 张时，在标有"16"的红窗中出现"1"字即为第一张胶卷，若拍 12 张要注意标有"12"的红窗。

　　海鸥牌 4B 型双反相机受欢迎的另一个原因是配有设计高雅、做工精良的相机套。该相机套选用了典雅大方的褐色，在色彩方面男女通用，同时，在重要的拼接处加上了缉线的缝纫工艺，不仅美观而且增强了牢固性。相机套正面是"海鸥"图案，利用皮革自然的特性，采用浮雕工艺展现出品牌标识的特色。相机套侧面有大小不

图 3-12　位于照相机背面的红窗　图 3-13　皮质的相机套
计数器

图 3-14 海鸥牌 4B 型照相机说明书（1）

使用方法Operating Instruction 使用方法Operating Instruction 使用方法Operating Instruction 使用方法Operating Instruction 使用方法Operating Instruction 使用方法Operating Instruction

装胶卷
Film Loading

Push inside the safety lever of the locking disk and turn it in the direction "open" as indicated by the arrow to open the back cover.

Fit the unsealed film into the lower chamber as shown in figure and fit the bare spool into the upper chamber in like manner.

将自盘片夹保护板向地上保险盘拨杆向内拨，并按"开"字箭头示方向旋转，就可打开后盖。

如图示将大相机下盘胶卷，以同样方法上相机上卷胶卷。

Film Loading / 装胶卷

Slowly pull out the protective paper of the roll and insert its front end into the wider slot of the spool.

Rotate the winding knob a few more to ensure that the film is loaded exactly, then close the back cover. Turn the locking disk in the direction "close" until the safety lever is locked. Film loading is completed.

裝画面框
Format Frame Mounting

To take 16 pictures with a roll of 120 film, a format frame must be mounted beforehand as shown in figure, and then load the film.

拍摄16张时须按图示先装上画面框，再装胶卷。

计数
Film Counting

The sliding plate for the red window must be opened before winding and then turn the winding knob slowly.

After a complete pull is exhausted, a few more turns is required to roll up completely the protective paper. You may now open the back cover and take out the film.

取景
Framing

Push open the direct viewfinder frame as indicated in figure.

In framing, observe closely through the small square hole behind the direct viewfinder frame. What is seen corresponds to the frame that will appear on the film. (It is for 6×6cm format only)

After the framing is done, push open the viewfinder cover and use the direct viewfinder frame for framing as indicated in figure.

调焦
Focusing

Turn the focusing knob, when the image of the object shown on the ground glass or on the Fresnel lens is sharply defined, the focusing is done.

In focusing, the magnifier will be helpful in observing the sharpness of the image to be taken. Press the lock button downwards with your right index finger as indicated by the arrow, the magnifier will spring up automatically. After the focusing is done, press the magnifier's frame down to its original position, the magnifier will be locked automatically.

调焦不好 Out of Focus 调焦好 In Focus

Taking 6×6cm pictures, the frame seen on the ground glass for 4B or on the Fresnel lens for 4B-1 corresponds to what will appear on the film respectively. Taking 4.5×6cm pictures, the frame seen on the ground glass or on the Fresnel lens within the two thick lines would appear on the film respectively.

闪光灯
The Use Of Compact Strobe Light

Set the diaphragm setting lever and shutter speed adjusting lever according to the photographing conditions. Push the shutter cocking lever as indicated by arrow. Then tension the self-timer lever. You can take picture after pressing the shutter release button.

The 4B-1 camera is equipped with accessory shoe for compact strobe light, it is suitable for "X" flash photography. Before taking flash pictures, insert the strobe light into the plug of flash into "X" socket as shown in figure. When "M" flash bulb is used. All speeds may be used synchronously. "X" socket should be used at shutter speed of 1/30 sec. or slower.

图3-15 海鸥牌4B型照相机说明书（2）

一的方形和圆形镂空，这些镂空是考虑到操作相机按钮的需要。整个设计既考虑到外观的设计美感，又满足了功能上的需求。

为了实现美观又好用的目的，海鸥牌 4B 型双反相机的产品说明书特意采用图文并茂的形式，为使用者提供各种相机操作方面的指导，使该款相机更易于被普通老百姓接受。

三、工艺技术

海鸥牌 4 型照相机的造型设计主要是为了满足内部结构的需要，因此不太复杂。产品整体造型为箱形，由于是双镜头反光相机，最主要的设计特色体现在相机正面两个镜头的造型上。从功能来看，一个镜头用于取景，另一个镜头用于曝光，两个镜头被一个"8"字形的造型围合起来，融为一体的两个镜头成了照相机的"脸"。这一设计成了所有海鸥牌 4 系列双反相机的经典造型。

海鸥牌 4 型双反相机正面两个镜头分别用银色勾勒，形成"8 字脸"造型，而这种"8 字脸"设计充分体现了中国设计师的设计智慧。在原型机德国禄莱照相机的设计中，上、下两个镜头在造型上毫无关系，但在海鸥牌 4B 型中，上、下两个镜头通

图 3-16 海鸥牌 4 型照相机两种色调搭配的"黑脸"与"白脸"

过"8"字造型关联了起来，形成一个整体。当时国内还有其他借鉴禄莱照相机造型的产品，但销售得不好，而参考海鸥牌4B型照相机"8字脸"造型的都销售得很好。海鸥牌4型的"8字脸"使用了黑白两种色调，黑底的"8"字俗称"黑脸"， 这类款式一般深受男性消费者喜爱。另外还有一种白底的设计，俗称"白脸"，深受女性消费者青睐。"黑脸"深沉有力，"白脸"时尚优雅，简单标准件的不同色彩搭配形成了不同的产品个性，极大地丰富了产品线，迎合了不同消费者的喜好。当然，直读式对焦方式操作简单也是一个十分重要的因素。

四、品牌记忆

毕业于浙江大学光学仪器专业的孙晶璋亲历了上海照相机厂自1958年正式成立以来主要产品的研发试制。后来，他成为上海照相机厂的总工程师。如下是孙老先生的回忆。

最初，海鸥牌4型系列照相机出口到中东地区，按照当时的有关规定，以地名"上海"作为商标不能在国际上注册，因此上海市轻工业品进出口公司提议采用其注册的海鸥牌——"海鸥"与上海有关，又有"飞向世界"的含义。但是后来才知道，西方人认为海鸥是又懒又馋的海鸟，总是跟随在轮船后面，抢吃船员倒在海里的残羹剩饭，因此这对当时的海外宣传并不十分有利。

海鸥牌4型系列120双反相机一经推出，其"8字脸"的设计风格就马上成为了

图3-17 海鸥牌照相机的标识

图 3-18　借鉴海鸥牌 4 型系列的其他品牌照相机

当时国内其他品牌 120 相机争相模仿的对象，真可谓风靡一时。

　　在海鸥牌 4 型系列照相机中，被借鉴最多的是 4B 型，其中有珠江牌（广州照相机厂生产）、牡丹牌（丹东照相机厂生产）、东方牌（天津照相机厂生产）、友谊牌（武汉照相机厂生产）、红梅牌（常州照相机总厂生产）等，这些品牌相机也都验证了

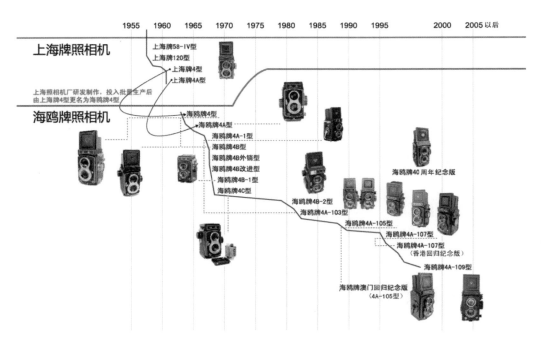

图 3-19　海鸥牌 4 型系列 120 照相机发展年表

图 3-20　从左到右依次为海鸥牌 4A 型照相机、海鸥牌 4 型香港回归纪念版照相机、海鸥牌 4B 型照相机

海鸥牌 4 型系列照相机在当时的流行程度和影响范围。

　　从设计角度来看，海鸥牌 4A-107 型照相机是原有产品的延伸，其本质是通过设计来延长产品生命周期的一种策略。从实际销售情况来看，这种策略达到了预期的目标，由此可以认定 4A-107 型是保存海鸥牌 4 型产品基因的最终产品，此后的4A-109 型照相机实际上是回到了禄莱照相机的基本造型，与 4A 系列产品最初的设计基因相去甚远。

图 3-21　海鸥牌 4 型照相机取景框

图 3-22　海鸥牌 4B 型照相机拍摄的照片（1）

图 3-23　海鸥牌 4B 型照相机拍摄的照片（2）

图 3-24　海鸥牌 4B 型照相机拍摄的照片（3）

五、系列产品

海鸥牌双镜头反光相机系列产品丰富，虽然在基本配置上没有特别大的区别，但是通过外观设计、材料使用的变化，延伸出多种型号的产品。

上海照相机厂于 1968 年底生产海鸥牌 4A-1 型照相机。该机镜头为四片三组，天塞型结构，采用按捏式取景器，机顶编号前根据生产批次分别刻有"4A1"和"4A-1"字样，并改用环带透镜取景，提高了取景明亮度和精度。其他功能与海鸥牌 4A 型照相机相同。

海鸥牌 4A-103 型照相机于 1982 年生产。该机在海鸥牌 4A-1 型照相机的基础上增加了闪光灯热靴，镜头改为三片三组柯克型。后期生产英文商标机型，底盖锁改为塑料压圈。

图 3-25　海 鸥 牌 4A-1 型照相机　　　图 3-26　海鸥牌 4A-103 型照相机

海鸥牌 4A-105 型照相机与海鸥牌 4A-103 型照相机基本相同，镜头上标 3-G、3-E，即三片三组，相机铭牌为英文"SEAGULL"。

海鸥牌 4A-107 型照相机的摄影镜头为四片三组单层镀膜，取景镜头为三片三组；镜间快门，快门速度为 B、1~1/300 秒。摇把上弦过片，菲涅尔环带微棱裂像调焦屏调焦，有自拍及多次曝光功能。当时售价为 980 元。

海鸥牌 4A-109 型照相机于 2002 年研制生产。该款产品继承了海鸥牌 4 型系列照相机的技术特征，取景镜头为三片三组，焦距为 75 mm，光圈最大为 f3.5；快门速度为 B、1~1/500 秒，共 11 挡；调焦取景器为精密环带磨砂屏，全视场取景，光

图 3-27　海 鸥 牌 4A-105 型照相机　　图 3-28　海 鸥 牌 4A-107 型照相机　　图 3-29　海 鸥 牌 4A-109 型照相机

楔裂像重合调焦,摇柄式卷片,自动停片,自动计数,自动复位;卷片与快门上弦联动,触点式闪光灯插座。海鸥牌 4A-109 型照相机具有多次曝光、景深指示及快门锁等功能,重量为 986.5 g,时价 1 600 元。该机成像质量好,是海鸥牌 4 型系列中的最高级版本,但未采用电子测光系统。海鸥牌 4A-109 型照相机的取景器美观明亮,裂像式对焦非常好用,从大光圈到小光圈都表现出色,没有畸变,正片色调柔和自然。

海鸥牌澳门回归版照相机生产于 1999 年。该款产品的各项功能与海鸥牌 4A-105 型照相机相同。机身金属部分镀有黄金层,总产量为 500 台。

海鸥牌外销 4A 型照相机主要出口日本,相机铭牌标"TEXER",铭牌之下标"AUTO MAT"。该款产品的取景器为折叠按捏式,裂像对焦;装片采用半自动曲柄式;镜头为四片三组天塞型,焦距为 75 mm,光圈最大为 f3.5;镜间快门,设有快门锁。海鸥牌外销 4A 型照相机的各项功能都是以海鸥牌 4A 型照相机为蓝本的。

海鸥牌 BIG TWIN 4 型照相机是 1992 年接受德国 BIG 公司委托加工的一款出口型照相机。该机以海鸥牌 4A 型 120 双镜头反光照相机为蓝本,配三片三组柯克型镜头,以 120 胶卷拍摄尺寸为 60 mm × 60 mm 的照片,其他各项功能与海鸥牌 4A 型照相机相同。由于外商要求高、检测严,该机整体功能达到国际标准。有资料显示,该款产品并未在德国市场销售,而是以德国的名义向英国出口。因此,相机铭牌标

图 3-30　海鸥牌澳门回归版照相机　图 3-31　海鸥牌外销 4A 型照相机　图 3-32　海鸥牌 BIG TW-IN 4 型照相机　图 3-33　海鸥牌 4B 改进型照相机

图 3-34 海 鸥 牌 4B-2 图 3-35 海鸥牌 4C 型照相机
型照相机

"B.I.G. TWIN"。

海鸥牌 4B 改进型照相机为海鸥牌 4C 型照相机的试制机型。该款产品在卷片钮上装有计数盘，随机配四只金属接头，可分装在 135 胶卷暗盒的两头做传动用。在拍摄完成后，胶卷进入另一只空暗盒，无须倒片。机身背面设有红窗锁定装置，其叶片推入后，红窗便不能开启，使内部完全处于避光状态。该款产品的总产量约为 3 万台。

海鸥牌 4B-2 型照相机是在海鸥牌 4B 型照相机的基础上加装了内藏式闪光灯，两节 5 号电池加装在机身左侧，机顶设有闪光指数表，闪光指数为 14。上海照相机厂于 1981 年试制成功该款产品，但未能投入批量生产。

1968 年，上海照相机厂根据市场需求在海鸥牌 4B 型照相机的基础上进行改进，试制出海鸥牌 4C 型照相机。该款机型增配了使用 135 胶卷的附件，并在机身左侧加装了自动计数盘。机身后下方有一个计数控制钮，每卷一张胶卷需按一次钮，计数盘则自动推进一格。该款产品在以 135 胶卷为主的市场形势下很受消费者的欢迎，但其缺点是只能竖拍，不能横拍。海鸥牌 4C 型照相机有三种款式，镜头下方分别刻印 "上海照相机厂" "中国上海" 和 "中国制造" 字样，总产量为 33 545 台。

图 3-36　从左至右分别为海鸥牌 4A-107 香港回归版、海鸥牌外销代工版、海鸥牌 4A 型、海鸥牌 4B 型和海鸥牌 4A-1 型

六、相似产品

海鸥照相机推出后，其他品牌参考海鸥牌双镜头反光照相机的产品比比皆是，参考最多的机型是海鸥牌 4B 型，其中还包括用海鸥牌照相机的正规零件组装出来的产品。从工厂方面来说，因为无法满足人们的需求，所以出售零部件既可以赚取一定的利润，又可以达到为广大消费者提供更多产品的目的。

1. 牡丹牌双镜头反光照相机

1974 年，丹东照相机总厂参考海鸥牌 4 型照相机研制生产了 MD-4 型照相机，在功能方面，与海鸥牌 4 型照相机相同，但在设计方面，光圈数值的排列与海鸥牌

图 3-37　牡丹牌双镜头反光照相机

4 型照相机相反——大光圈"3.5"在上，小光圈"22"在下。丹东照相机厂同期生产的牡丹牌 MD-4 型照相机的商标和商标字体与丹东照相机总厂生产的 MD-4 型不同，闪光灯同步线插孔设计在右上角，"牡丹"以行书字体书写，故称牡丹行书 4 型。

1978 年，丹东照相机厂参照海鸥牌 4B 型照相机研制生产了 MD-4B 型照相机，该款照相机的各项功能与海鸥牌 4B 型照相机相同，但其铭牌及光圈数值的设计完全参照丹东照相机总厂生产的牡丹牌 MD-4 型照相机，排列与海鸥牌 4B 型照相机恰好相反。同年，为了降低造价，丹东照相机厂对 MD-4B 型照相机进行简化：快门速度由十挡简化为五挡，最高快门速度为 1/125 秒，取消了闪光灯同步线插孔和自拍装置。

牡丹牌 MD-4B 型照相机的铭牌中间标有英文字母"PEONY"，镜头下方刻印"中国制造"或"丹东照相机厂"，可以据此区分不同批次。后来，铭牌上"牡丹"二字中间由英文字母 "PEONY"更换为汉语拼音"MUDAN"，铭牌两端带有横向放射线。这一型号的照相机共有六种款式的变型产品，但基本造型与性能没有很大的变化。后期机型将闪光灯同步线插孔由右上角移至右下角，并且取消了镜头上的编号，相机面板采用黑色。

1983 年，丹东照相机厂生产了 MD-1D 型照相机，后来又改进为 MD-1 型，进行大量生产。该款产品以海鸥牌 4B 型照相机为原型机，增设了硫化镉跳灯式测光

图 3-38　牡丹牌 MD-1 型双镜头反光照相机说明书

图 3-39　牡丹牌照相机附送的 1985 年年历

图 3-40　东方牌 F 型照相机

表，由三枚发光二极管指示曝光值，因此机身标有"LED"字样。实际上它只能在 ISO100（DIN21）状态下旁轴测光，其测光值也仅供参考。尽管如此，这在当时已代表了国产照相机的先进水平。

2. 东方牌 F 型照相机

　　1969 年，天津照相机厂参照海鸥牌 4B 型照相机生产东方牌 F 型照相机。该款照相机的光圈与海鸥牌 4B 型照相机相比少"22"一级，并且大小光圈顺序相反，其

图 3-41　东方牌 F 型照相机使用说明书

图 3-42　东方牌 F 型照相机零件图册（1）

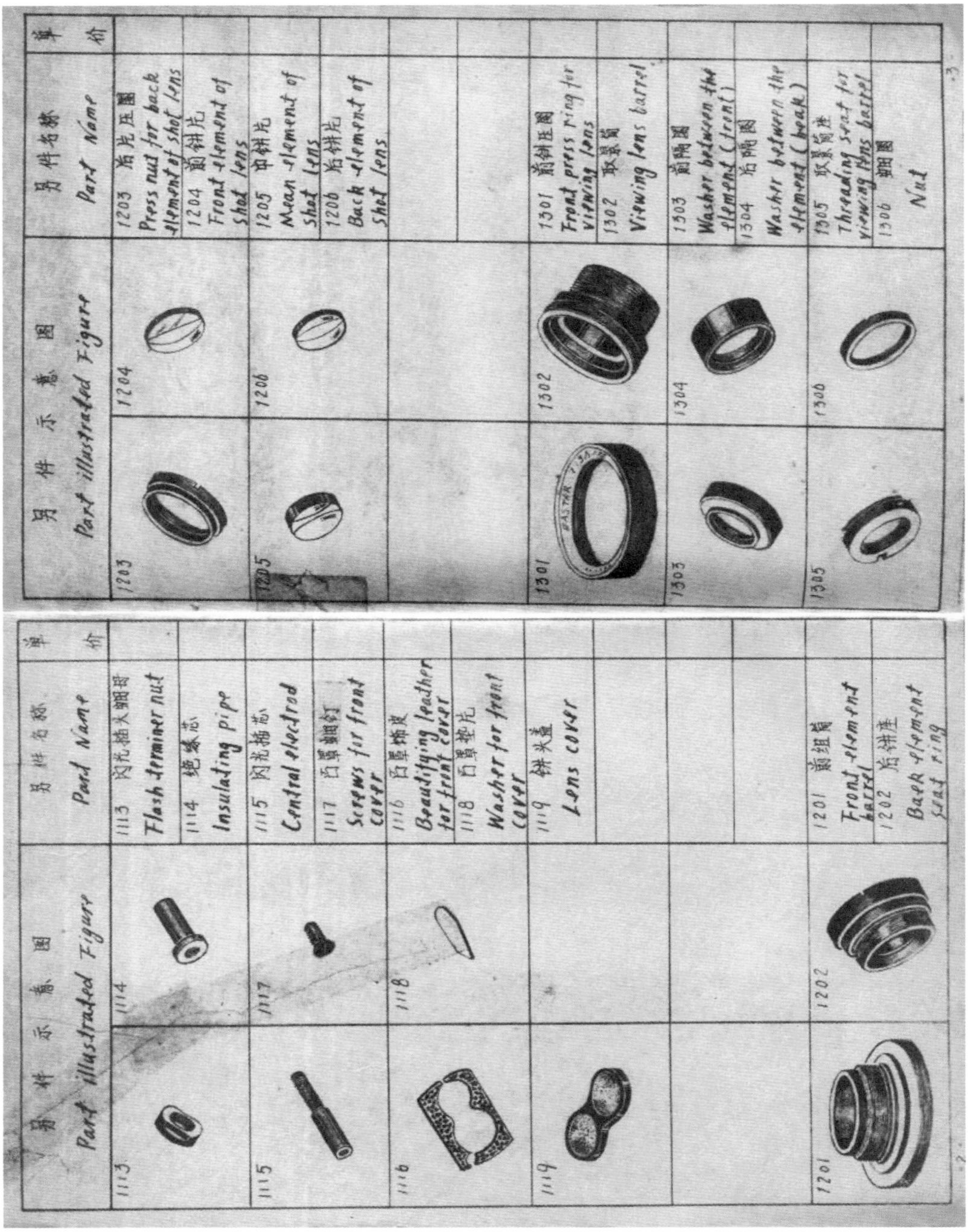

单价	零件名称 Part Name	零件示意图 Part illustrated Figure	
	1203 后片压圈 Press nut for back element of shot lens		
	1204 前斜片 Front element of shot lens	1204	1203
	1205 中斜片 Mean element of shot lens	1206	
	1206 后斜片 Back element of shot lens		1205
	1301 前斜压圈 Front press ring for viewing lens	1302	1301
	1302 取景窗 Viewing lens barrel		
	1303 前隔圈 Washer between the element (front)	1304	1305
	1304 后隔圈 Washer between the element (back)		
	1305 取景筒丝 Threading seat for viewing lens barrel	1306	1305
	1306 铟圈 Nut		

单价	零件名称 Part Name	零件示意图 Part illustrated Figure	
	1113 闪光灯火铟母 Flash terminer nut		1113
	1114 绝缘芯 Insulating pipe	1114	
	1115 闪光插芯 Central electrod	1117	1115
	1117 百草铟钉 Screws for front cover		
	1116 百草皮夹 Beautifying leather for front cover	1118	1116
	1118 百草垫片 Washer for front cover		
	1119 锛米盖 Lens cover		1119
	1201 前组筒 Front element barrel	1202	1201
	1202 后斜座 Back element seat ring		

图3-43 东方牌F型照相机零件图册（2）

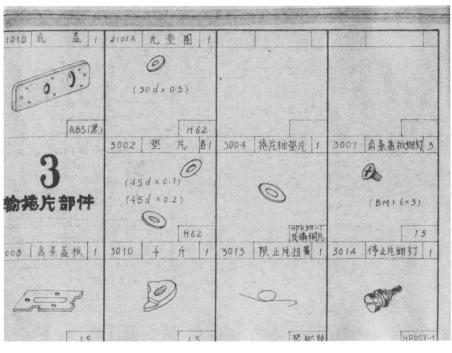

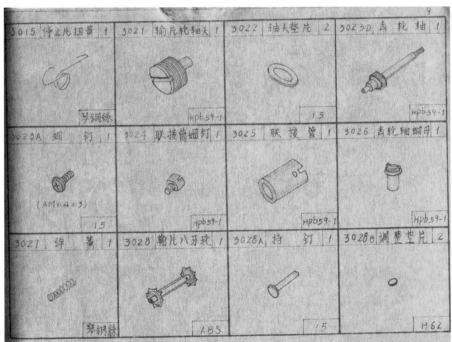

图 3-44 东方牌 F 型照相机零件图册（3）

图 3-45　长春牌 120 照相机

他功能没有太大差异。

3. 长春牌 120 照相机

1985 年，长春第一光学仪器厂参照海鸥牌 4B 型照相机生产长春牌 120 照相机。该款照相机各部分的功能与海鸥牌 4B 型相同，初期安装海鸥牌镜头，后期改为自研镜头，但并未正式投入批量生产。

4. 太湖牌 4B 型照相机

1977 年，江苏无锡照相机厂参照海鸥牌 4B 型照相机生产太湖牌 4B 型照相机。该款照相机除光圈大（f3.5）小（f22）顺序与海鸥牌 4B 型照相机相反之外，其他各

图 3-46　太湖牌 4B 型照相机

部分功能与海鸥牌 4B 型照相机相同。

5. 黄鹤牌 120 照相机

1973 年底，武汉照相机厂参照海鸥牌 4B 型照相机生产黄鹤牌 120 照相机。该款照相机的各部分功能与海鸥牌 4B 型照相机相同，取景镜头焦距为 75 mm，光圈最大为 f2.8，但结构差异很大，其最大特点是调焦手轮设在机身右侧，由左手释放快门。这种设计解决了海鸥牌 4B 型照相机在调焦和拍摄过程中需将照相机进行左右手调换的问题。

6. 华中牌 SFJ-1 型照相机

1980 年，湖北宜都华中精密仪器厂参照海鸥牌 4B 型照相机生产华中牌 SFJ-1 型照相机。该款的镜头为六片四组，镀紫蓝色增透膜，焦距为 75 mm，光圈最大为 f3.5，其他功能与海鸥牌 4B 型照相机相同。

7. 华蓥牌 SF-1 型照相机

1980 年，四川华光（从永光中分出独立的工厂）、明光、永光三家仪器厂参照海鸥牌 4B 型照相机生产华蓥牌 SF-1 型照相机。该款照相机的镜头镀紫红色增透膜，照相机光圈刻度及调焦刻度分别以红、绿、黄、蓝、黑五种颜色标示，这一设计与众不同，但其他功能与海鸥牌 4B 型照相机相同。

图 3-47　黄鹤牌 120 照
相机　　图 3-48　华中牌 SFJ-1
型照相机

图 3-49　华蓥牌 SF-1　　图 3-50　环球牌 120 照相机　　图 3-51　峨眉牌 SF-1 型
型照相机　　　　　　　　　　　　　　　　　　　　　照相机

8. 环球牌 120 照相机

1970 年，河北保定照相机厂参照海鸥牌 4B 型照相机生产环球牌 120 照相机。该款照相机除光圈大小顺序与海鸥牌 4B 型照相机相反之外，其余各部分的功能与海鸥牌 4B 型照相机相同。

9. 峨眉牌 SF-1 型照相机

1968 年，四川宁江机械厂参照海鸥牌 4B 型照相机生产峨眉牌 SF-1 型照相机。该款照相机的构造与海鸥牌 4B 型照相机相同，采用镜间快门，取景镜镀紫色膜，物镜镀紫蓝色膜。因为该款产品是军工企业最早生产的 120 双镜头照相机，所以整机质量较高。

10. 风光牌双镜头照相机

1975 年，福州照相机厂开始生产风光牌双镜头照相机。早期的风光牌Ⅰ型照相机是自行生产开发的，摄影及取景镜头均为三片三组结构，焦距为 75 mm，光圈最大为 f3.5。采用镜间快门，快门速度为 B、1~1/300 秒，快门拨钮为一个小圆钮。带有机械自拍装置，红窗计数，取景器为按捏式。取景镜头外圈为卡口式，后盖开启锁没有加装保险装置。1976 年，福州照相机厂参照海鸥牌 4B 型照相机，推出了风光牌Ⅱ型照相机，改进了光圈调节、快门速度调节、快门上弦及自拍杆设计。后盖

图 3-52　风光牌双镜头照
相机

图 3-53　嵩山牌 4A 型照相机

图 3-54　嵩山牌 4B 型照相机

开启锁加装了保险装置,取景及摄影镜头外圈均改为卡口式,取景器上盖仍为按捏式。

11. 嵩山牌照相机

　　1975 年,郑州照相机厂参照海鸥牌 4A 型和 4B 型照相机生产嵩山牌 4A 型和 4B 型照相机。两款机型的各部分功能与海鸥牌 4A 型和 4B 型照相机完全相同。

12. 黎明牌照相机

　　1969 年,沈阳黎明机械厂参照海鸥牌 4A 型照相机生产黎明牌 120 照相机。该款照相机的结构和各部分功能与海鸥牌 4A 型照相机完全相同。

图 3-55　黎明牌 120 照相机

第二节　其他品牌

1. 大来牌、天坛牌、长虹牌照相机

1956 年 7 月，北京市大来照相机厂（北京照相机厂前身）参照德国 Riconlex 型相机进行研制，1957 年 4 月底试制成功我国第一台 120 双镜头反光取景照相机。该机取景、摄影镜头均是焦距为 80 mm、光圈最大为 f3.5 的加膜镜头，快门速度为 B、1/30 秒、1/60 秒、1/100 秒、1/150 秒、1/200 秒，六级光圈。首批投产 100 台，之后大来牌更名为天坛牌，再之后又更名为长虹牌。据资料显示，大来牌照相机是在五一国际劳动节前试制成功的，所以被命名为大来牌 51 型照相机，其铭牌中心位置印有城楼图案，在城楼图案之上有"51"字样，表明该款产品是向国际劳动节献礼。

1959 年，天坛牌照相机开始生产，该产品有三种型号。第一种和第二种型号是大来牌 120 双反照相机的转型产品，其中天坛牌 I 型照相机安装的是大来牌照相机

图 3-56　从左到右依次为大来牌 51 型照相机、天坛牌 I 型照相机、长虹牌双反照相机

剩余的镜头，镜头上仍标有"大来照相机厂"的字样。天坛牌Ⅰ型、Ⅱ型照相机的性能与大来牌照相机相同，而且天坛牌Ⅰ型与Ⅱ型两款照相机也只是铭牌不同，性能并无太大的差别。首批产品的铭牌上有汉字"天坛"，两字之间印有天坛的图案，总产量在5 000台之上；在第二批产品的铭牌上，"天坛"更换为汉语拼音"TIAN TAN"的字样，总产量在20 000台之上。1961年，工厂参照日本雅西卡A型照相机生产了一款天坛牌提高型照相机，该款照相机只试产了20台，并未正式投产。

1961年，北京照相机厂将双反相机品牌定名为长虹牌，其性能与大来牌照相机相同，只是对铭牌进行了更改，取景镜头上刻有"北京照相机厂"字样。该产品有两种机型，只有生产批次的区别，并无性能及外形的差异，总产量在7 000台以上。

2. 红梅牌5型双镜头反光照相机

红梅牌5型是120双镜头反光自动测距箱式照相机，可用120胶卷拍6 cm×6 cm和6 cm×4.5 cm两种规格的照片，1979年常州照相机总厂研制生产。1982年7月，机械工业部组成专家鉴定组进行鉴定，认定该产品为优质产品，之后正式投入生产。机身以进口ABS工程塑料热铸成型，镜头为三片三组柯克型，焦距为75 mm，光圈最大为f4.5，以菲涅尔式透镜取景，摆动式调焦，设有自拍及X闪光同步装置。该款照相机成像清晰，操作简便，常州照相机厂和常州照相机总厂均

图3-57　红梅牌5型双镜头反光照相机

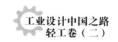

有生产，两厂产品的外形及功能完全相同。

随着生活水平的不断提高，人们对照相机的需求也逐年增长。依据当时市场调查的信息，广大业余摄影爱好者们需要的是价格适中、使用简单、成像清晰、外形美观、符合传统习惯的双镜头照相机。为了满足用户的需求，常州照相机总厂于1979年2月着手设计红梅牌5型120双镜头反光照相机。1981年，国家仪器仪表工业总局下达了红梅牌5型照相机的试制任务，同时补助试制费2万元。根据当时市场的需求和工厂的工艺特点，红梅牌5型照相机的机身（内壳、外壳和后盖）采用ABS工程塑料，以及红梅牌1型快门和整组调焦的设计方案。经过八个多月的产品图纸设计和样机试制，1979年10月试装出第一轮样机1台。工厂在分析样机后，又着手进行图纸设计修改和工艺编制，在一年多的时间内组织内壳、外壳、后盖等13副塑料模具和100余副冷冲压模具的制造。1981年3月，工厂完成了177台第二轮样机的试制，但因为环带透镜的问题没有及时解决，所以没能投放市场。在征求各方意见之后，工厂进一步修改产品设计图纸，修正工艺，对焦面光阑组件、后盖组件进行重新设计，后盖开关加上指示箭头，计数采用传统红窗移门结构。同年12月底，2 000台红梅牌5型照相机投放市场，目的是收集用户意见。1982年7月10日至13日，机械工业部组织大专院校、研究所、照相机厂等单位组成鉴定检查组，对红梅牌5型照相机的技术文件、工艺装备、零部件、整机等进行全面审查和测试。7月14日，在机械工业部的主持下，举行了红梅牌5型照相机鉴定会议，有30个单位的43名代表参加，确认红梅牌5型照相机的整机和零部件的各项技术指标符合部颁标准，设计和工艺资料齐全、完整、清晰，基本正确统一，同意定型生产，转入批量生产。1982年10月，工厂制定了红梅牌5型照相机产品质量分等级的规定。红梅牌5型照相机属120系列产品，从1981年投产至1985年底，共生产154 743台。

3. 儿童牌ETZXJ照相机

儿童牌ETZXJ照相机是由上海玩具厂于1988年生产的，采用单片式镜头、单刀式三挡快门、固定式三级光圈。"ETZXJ"即"儿童照相机"的汉语拼音字首的缩写。相机包装盒上标有相机性能及"适合青年和老年人使用"的英文宣传字样。

图 3-58　儿童牌 ETZXJ 照相机　　　　图 3-59　长乐牌 120 照相机

4. 长乐牌 120 照相机

1958 年，西北光学仪器厂参照苏联柳比杰里照相机进行研制。1960 年，长乐牌 120 照相机投放市场，1961 年开始批量生产。该款产品镜头焦距为 75 mm，光圈最大为 f4.5，六级光圈；快门速度为 B、1/10~1/200 秒，共六挡；采用聚光镜式取景器，手动旋转调焦，调焦范围 1.4 m 至无限远。该款相机铭牌下部的装饰横线有单线及双线之分。"长乐"二字因西北光学仪器厂地处西安市长乐路而来。

5. 虎丘牌 120 照相机

1980 年，苏州照相机厂研制成功虎丘牌 120 照相机。该款产品为 120 方镜箱式照相机。机身由钢板冲压点焊成型，镜头焦距为 75 mm，光圈最大为 f3.5，七级光圈，取景镜头与摄影镜头相同；镜间快门，快门速度为 B、1/25~1/100 秒，共四挡；旋转式齿轮调焦，俯视毛玻璃取景。该款照相机另配有拍摄 6 cm×4.5 cm 画幅的附件，但没有设计闪光附件及自拍装置，所以功能方面略显不足。

苏州照相机厂曾对该厂的 120 照相机进行改进，将早期大写的汉语拼音"HU QIU"改为手写体，镀成银白色，俗称"银虎丘"（另有镀金色的机型，俗称"金虎丘"）。该款机型加装了闪光灯插座，快门速度提高到 1/300 秒，还增设了自拍功能。

图 3-60　虎丘牌 120 照相机

6. 青岛牌 SF 系列照相机

1974 年，青岛电影机械厂研制成功青岛牌 SF 系列照相机，1976 年投放市场。起初，由青岛电镀表厂生产快门，青岛计数器厂生产主体，青岛电影机械厂生产镜头并负责总装。1979 年，以上各厂将生产照相机的设备移交青岛照相机厂，结束了"分散加工、集中组装"的合作模式。该款照相机的摄影、取景镜头均为三片三组结构，焦距为 75 mm，光圈最大为 f3.5，七级光圈；镜间快门，快门速度为 B、1~1/250 秒，共五挡；快门扳手为小圆钮式，机械自拍，红窗计数，没有快门线螺孔。早期机型与珠江牌 4 型照相机相同，中期机型的机身、镜头均打印编号，后期机型的调焦钮改为塑料材质，机身、镜头均无编号。

图 3-61　青岛牌 SF 系列照相机

　　1979 年，青岛照相机厂对产品进行升级改造，升级后的产品被定名为青岛牌
SF-2 型照相机。该款照相机的镜间快门速度提升到 B、1~1/300 秒，共十挡，取景
镜头与摄影镜头中间两侧各设一手轮，用以调节光圈值和快门速度，其数值在取景
镜头上方的窗口显示。调焦钮端头有对焦刻度表盘，后期产品取消了这个设计，在
镜头上加刻了编号。

　　1983 年，青岛照相机厂在 SF-2 型照相机的基础上继续升级产品，升级后的产
品被定名为青岛牌 SF-2A 型照相机。该款照相机采用了日本科宝公司的镜间快门，
快门速度为 B、1~1/500 秒，共十挡，并加装了安全锁及快门线螺孔。

7. 珠江牌 120 照相机

　　1967 年，广州照相机厂开始生产珠江牌 120 照相机。该款照相机的镜头为三片
三组结构，焦距为 75 mm，光圈最大为 f3.5，七级光圈；镜间快门，快门速度为 B、
1/25~1/250 秒，共五挡；快门扳手为小圆钮式。同年，为了增强品牌影响力，广州

图 3-62　珠江牌 120 照相机

照相机厂将该款机型更名为珠江牌 4 型照相机，并对材质和细节进行了微调。后期
生产的珠江牌 4 型照相机的快门速度由五挡改为十挡，最高速度为 1/300 秒；增设了
闪光灯插座，快门按钮增设了快门线螺孔。因为加长了自拍扳手，所以操作更加便利。
顶盖上增设了菱形的"珠江"汉字铭牌。

　　1970 年，广州照相机厂参照德国禄莱弗莱克斯 3.5F 型照相机成功研制一款相机。
该机镜头为六片四组单层镀膜镜头，焦距为 75 mm，光圈为 f3.5，由上海华东计算
机研究所光学玻璃厂进行坯料研制，再经广州照相机厂精密切削加工完成。经测试，
其中心分辨率为 64 lp/mm，其镜组比禄莱弗莱克斯 3.5F 型照相机多一片，因此光学
效果极佳。该机快门参考康盘式快门，快门速度为 B、1~1/500 秒。为提高快门的可
靠性，首批试制品采用英国皇牌钢丝，但强度达不到规定标准。之后的产品采用以
稀有金属钴为基材的合金拉簧，由华南工学院热处理实验室进行高温真空热处理，
使快门的准确性、耐久性大为提高，接近了原型机的水平。在机械传动部分，首次
采用固态硫化铝干膜润滑剂，使机械动作敏捷，噪声小，操作手感舒适。该机没有
设计测光功能，在铭牌中间设计了只起装饰性作用的测光窗，在镜头座位置磨压"中
华人民共和国"字样。在取景系统设计上，首批产品为磨砂玻璃屏，效果不佳；后

续产品采用聚酯光学合成材料模压成环带透镜，使取景调焦效果足以与禄莱弗莱克斯照相机相媲美。

8. 沈阳牌120照相机

1959年，沈阳照相机厂参照理光Ⅵ型照相机研制生产沈阳牌120照相机。该款照相机的取景、摄影镜头焦距均为80 mm，光圈为f3.5，快门速度为B、1~1/200秒，有自拍及闪光联动机构，画幅为6 cm×6 cm，调焦范围为1 m至无限远，调焦方式是利用取景与摄影镜头上的齿轮齿合同步反方向旋转调焦，整机尺寸为102 mm×94 mm×139 mm，重量为950 g。

该机有三种款式：第一款在铭牌上标"沈阳"二字；第二款在铭牌上"沈阳"二字之间加汉语拼音"Shenyang"字样；第三款在铭牌上只有汉语拼音字样，取消了"沈阳"二字。三款相机的结构完全相同，产量很少。

另据资料显示，1961年底，沈阳照相机厂迁址到铁岭市，随之更名为铁岭光学仪器厂。迁址后的新厂仍按照沈阳牌120照相机的配置生产，更名为铁岭牌照相机，其结构与沈阳牌完全相同。

图 3-63　沈阳牌 120 照相机

第四章 单镜头反光取景照相机

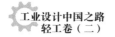
第一节　海鸥牌DF型系列照相机

一、历史背景

　　海鸥牌 DF 型（DF 即"单反"二字的拼音首字母）照相机是上海照相机总厂参照美能达牌 SR 型照相机自制成功的。1964 年诞生后，最初定名为上海牌 7 型照相机，由于机型新颖、成像清晰，颇受社会各界用户的青睐，出口时定名为海鸥牌。1966 年，海鸥牌 DF 型照相机实现批量生产，确立了中国制造单镜头反光照相机的基础。海鸥牌 DF 型照相机采用焦距为 58 mm、六片四组的双高斯结构加膜镜头，镜头上有"HAIOU-64"字样，七级光圈，光圈最小为 f16，调焦范围由 0.6 m 至无限远。采用四轴式布帘幕横向机械快门，快门速度为 B、1~1/1 000 秒，设有 X 闪光同步挡（约 1/45 秒）、反光镜锁和瞬时复位反光镜，可在翻拍或特殊摄影时减缓机身震动，另装有延时约 10 秒的机械自拍装置。在机身左侧的上部设有 X 和 FP 两个同步接点，取景窗屏幕为简单的磨砂玻璃。

图 4-1　海鸥牌 DF-1 型照相机

1969 年，海鸥牌 DF 型照相机的改良版 DF-1 型诞生了。该款机型的闪光同步速度提升至 1/60 秒，采用裂像聚焦屏，镜头为黑白双色，单一黑色的距离调节环上多了橡胶套。海鸥牌 DF-1 型照相机是海鸥牌 DF 型系列中产量最大的一款。据资料显示，从 1981 年至 1984 年，海鸥牌 DF-1 型照相机共生产了 38 459 台。

1984 年，上海照相机总厂开发了有 TTL 测光系统（一种通过照相机镜头测量光线的方法）的海鸥牌 DF-1ETM 型照相机。这是中国最早自行开发设计的实用化的 35 mm 电子测光单镜头反光照相机，取景器内有 3 个用"＋""0""－"表示的 LED，显示组合曝光量是否准确。当轻压快门按钮时，测光开始，按照设计规定，10 秒后会自动关闭电源。海鸥牌 DF-1ETMMC 型照相机考虑到彩色胶片的拍摄需要，开始使用多层膜，"MC"标记说明镜头为多层膜系，除了焦距为 58 mm、光圈为 f2 的镜头外，还推出描写能力更佳的新设计的焦距为 50 mm、光圈为 f1.8 的镜头。

20 世纪 90 年代初期，带有 TTL 测光系统的 ETM 型照相机标志着海鸥牌照相机告别了机械化的时代，开始步入开发电子化产品的时代。在之后的发展中，DF-100 型、

图 4-2　海鸥牌 DF 型系列照相机家族合影

DF-200 型、DF-400 型、DF-500 型照相机成了海鸥牌照相机发展的主流产品。

二、经典设计

1. 海鸥牌 DF-1 型照相机

上海照相机总厂在成功生产海鸥牌 DF 型照相机后，用闪光灯热靴代替闪光灯插座，生产出海鸥牌 DF-1 型（经过产品型号重新排序，更名为 DF-102 型）照相机。海鸥 DF-1 型照相机于 1969 年开始研制，1971 年投放市场。1988 年，该厂在 DF-102 型的基础上使用新工艺、新材料和新技术，不断发展新品种，使机身和镜头多样化，以满足各种用户的需要。

海鸥牌 DF-1 型照相机的机身顶盖正上方有海鸥的图案，右侧刻有"DF"字样。该款机型由标准镜头、快门、取景、主体、卷片、倒片、顶盖、后盖及底盖等部件组成。

上海照相机总厂制造的海鸥牌 DF-1 型单镜头反光照相机形成了一个系列，包括 DF-102 型带焦距为 58 mm、光圈为 f2 的镜头，DF-102 型带焦距为 50 mm、光圈为 f2 的镜头，DF-102B 型带焦距为 58 mm、光圈为 f2 的镜头，DF-102B 型带焦距为 50 mm、光圈为 f2 的镜头，DF-102 型带焦距为 35 mm、光圈为 f2 的镜头，DF-102B 型带焦距为 35 mm、光圈为 f2 的镜头，DF-1ETM 型和 DF-1ETMMC 型等。

海鸥牌 DF-1 型照相机的标准镜头是六片四组对称式镜头，焦距为 58 mm、光圈为 f2，镜片的表面镀有增透膜。该款机型的镜筒具有自动收缩预置光圈装置，在镜筒外缘装有景深预测手柄，按箭头所示方向推动预测手柄能收缩光圈，可供摄影者直接观察预置光圈的景深。镜头的最近对焦距离为 0.6 m，镜头与机身采用卡口式连接，可卸换配套的广角、中焦和长焦镜头。

与海鸥牌 DF-1 型照相机配套的镜头有：视场角为 62°的广角镜头，六片五组结构，光圈最大为 f2.8，光圈最小为 f16，焦距为 35 mm，最近对焦距离为 0.3 m；视场角为 18°的中焦镜头，六片五组结构，光圈最大为 f2.8，光圈最小为 f22，焦距为 135 mm，最近对焦距离为 1.5 m；视场角为 6°的长焦镜头，五片四组折反射式结构，

图 4-3 海鸥牌 DF 型照相机多视角图

图 4-4　海鸥牌 DF 型照相机机身顶盖上的标识及 DF 字样

光圈为 f5（光圈是不能调节的），焦距为 500 mm，最近对焦距离为 15 m。这三种配套镜头的镜片表面均镀有增透膜，并具有自动收缩预置光圈和景深预测装置，接口采用卡口式。后续生产的同类产品并没有太大的变动，只是将"DF"更换为英文"Seagull"。该款机型一上市便受到摄影爱好者们的青睐，其机身为铝合金铸造，上下机盖为黄铜压制成型，再镀铬成"白脸"，采用 480 多个全金属零部件，机身精密度高于国内的同期产品。该款机型采用四轴式布帘幕横向机械快门，快门速度为 B、1~1/1 000 秒，设有 X 闪光同步挡（约 1/45 秒）、反光镜锁和瞬时复位反光镜，可在翻拍或特殊摄影时减缓机身震动，另装有延时约 10 秒的机械自拍装置。

　　海鸥牌 DF-1 型照相机由机身底部开启后盖，拍摄画面尺寸为 24 mm×36 mm，卷片角度为 180°，其中有 10° 预备角，采用磨砂玻璃调焦屏调焦。机身的右侧设有单次及万次闪光灯同步线插孔，初期产品的闪光灯插座上设有热靴触点。该款机型出厂配置焦距为 58 mm、六片四组的双高斯结构加膜镜头，七级光圈，光圈最小为 f16，调焦范围由 0.6 m 至无限远。该款出口型照相机的右侧有"中国上海 SHANGHAI CHINA"字样，前端右侧有"Seagull"字样，替换了"DF"字样。

图 4-5　海鸥牌 DF-1 型照相机快门多挡拍摄模式

图 4-6 海鸥牌 DF-1 型照相机背带、说明书与保修卡　　图 4-7 海鸥牌 DF 型照相机皮壳

　　DF-102 型照相机采用焦距为 58 mm、光圈最大为 f2 的标准镜头，通常该款标准镜头是不标出镜头型号的。如果采用焦距为 50 mm、光圈为 f2 或焦距为 35 mm、光圈为 f2 的镜头，则在照相机型号后面加上镜头型号以示区别。焦距为 50 mm、光圈为 f2 的镜头比焦距为 58 mm、光圈为 f2 的镜头体积小，重量轻，焦距短，视角大，通光量大，成像清晰。

　　DF-102 型照相机配备的另一款焦距为 35 mm、光圈为 f2 的镜头，是该厂生产

第四章　单镜头反光取景照相机

图 4-8 海鸥牌 DF-1 型照相机说明书

的工艺成熟的广角镜头，适用于拍摄大场面和野外风景照。

海鸥牌 DF-102 型的改进型被定名为 DF-102B 型。该款机型增加了捏手，当右手紧握机身时可迅速用食指按下快门按钮，既方便、舒适又稳定；以塑料方框代替金属圆孔的取景目镜框，使用舒服，机型更协调；机身后盖上增加资料夹，夹内配有胶卷 ISO 感光表及 DIN、ASA 对照表，帮助摄影者记忆所装胶卷的感光度；自拍扳手由金属件改用塑料嵌件；改进镜头盖设计；以压敏胶饰皮替代虫胶贴皮等。

海鸥牌 DF-1ETMMC 型照相机是在 DF-102 型基础上增加了测光性能的照相机。该款机型采用中央重点开放式 TTL 测光系统，在取景中有 LED 指示灯，显示测光结果。镜头采用多层镀膜，即在 ETM 后面加 MC，MC 的作用是提高彩色还原的真实性。

2. 海鸥牌 DF-200 型照相机

海鸥牌 DF-200 型照相机使用美能达 70~210 mm 变焦镜头，外观造型与海鸥牌 DF-300 型相似，机身前右侧有防滑把手，后背由工程塑料铸成，后盖右侧有胶卷观察窗，机顶有闪光灯插座，机身前方的白色铭牌刻字简单大方，整个外形结实美观，富有时代感。海鸥牌 DF-200 型照相机使用 135 胶卷标准片幅，卷片扳手为机械式，卷片手感相当不错，倒片扳手同时用作后盖锁定开关。

海鸥牌 DF-200 型照相机使用镜后中央重点平均测光，实拍结果略为偏重暗部，非常精确。测光指示为三灯式，显示红色"+"表示过度，显示红色"−"表示不足，显示绿色圆点表示正常。取景器清晰明亮，视场范围为像幅的 94%，聚焦精确，在室内亦可轻松对焦。取景器四周为磨砂玻璃，中心为裂像、微棱环式对焦测距装置。

海鸥牌 DF-200 型照相机采用纵走式机械钢片快门，全手控操作，快门速度为 B、1 秒、1/2 秒、1/4 秒、1/8 秒、1/15 秒、1/30 秒、1/60 秒、1/125 秒、1/250 秒、1/500 秒、1/1 000 秒、1/2 000 秒，共 13 挡。从底片曝光准确程度来看，快门时间精度很高。快门速度由机身右上方的转盘调节，该调速盘可以 360° 转动，定位准确，手感良好，调节到位时会发出清晰可辨的"咔嗒"声。闪光同步速度为 1/125 秒或更长。海鸥牌 DF 型系列照相机首次使用 1/2 000 秒最短曝光时间及 1/125 秒最短闪光同步时间，这对热衷于艺术创作的摄影爱好者们来说是非常重要的。

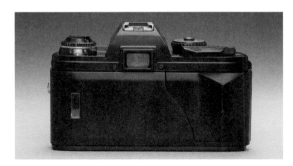

图 4-9　海鸥牌 DF-200 型照相机多视角图

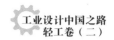
海鸥牌 DF-200 型照相机的卷片扳手前方有一个微型的多次曝光拨杆，在卷片前先向箭头方向把该拨杆推到底并在卷片过程中一直压住，即可使快门上弦与卷片脱钩，从而达到仅上弦不卷片、多次曝光的目的。这是大多数摄影爱好者相当看重的功能。从某种意义上说，这一功能是对摄影者想象力的挑战：你有丰富的想象力，就能拍出富有魅力的照片。

海鸥牌 DF-200 型照相机的镜头座右侧有一个自拍扳手，卷片后将此扳手向顺时针方向压下，按动快门钮即启动自拍装置，延时 10 秒开启快门曝光。值得注意的是，在自拍情况下，反光镜是在按动快门之时预先抬起的，这可以使照相机的震动减少。

3. 海鸥牌 DF-300M 型照相机

海鸥牌 DF-300M 型照相机是上海照相机总厂投放市场的一款既经济又新颖的单镜头反光照相机。该款机型保持了海鸥牌 DF-300 型照相机的优点——设计先进、合

图 4-10　刊登在杂志上的海鸥牌 DF-300M 型照相机

理，造型美观、新颖，操作方便、容易，减掉了光圈优先快门自动跟踪的功能，同时也降低了售价。

海鸥牌 DF-300M 型照相机配有高分辨能力、大口径、焦距为 50 mm、光圈为 f1.8 的标准镜头，还可以选配海鸥牌 28~70 mm 变焦镜头和 35~70 mm 变焦镜头，或者焦距分别为 28 mm、24 mm 的两种广角镜头，以及 MD 卡口的其他镜头。

海鸥牌 DF-300M 型照相机具有 TTL 中央重点平均测光系统。该系统采用蓝硅光电池作为测光元件，因为蓝硅光电池具有良好的光谱特性和光电性能。测光系统中的对焦屏采用当时具有国际先进水平的生产技术，特别是配用不同焦距的镜头时，对焦屏对光能量的影响经过严格的检查，从而保证了该款机型在配用各种焦距的镜头时测光的精确性。精心的设计和先进的技术措施保障了海鸥牌 DF-300M 型照相机的测光误差明显低于国家标准值。测光系统与照相机的快门和光圈调节机构是联动的，当调节速度盘或光圈盘时，测光系统的"＋""0""－"三个灯光指示信号会发生变化，分别表示曝光过度、曝光正确、曝光不足。

海鸥牌 DF-300M 型照相机采用横走式幕帘快门，快门速度为 B、1~1/1 000 秒，由石英电子通过数字电路控制，所以具有极高的精准度。

三、工艺技术

在历经海鸥牌 4A 型和 4B 型照相机的设计之后，工厂在功能和造型设计方面积累了许多经验。特别是在 135 单反相机的机械结构设计十分成熟之后，工厂有更多的精力关注外形设计。从正面看，海鸥牌 DF-1 型照相机自上而下分为三段——上层为金属银色，中间层为黑色，下层为金属银色——比例均匀，富有节奏，呈现出设计者的匠心独运。机械结构设计水平的提高使操作旋钮被赋予两种功能，例如，卷片旋钮和快门为同一部件，这样减少了旋钮的数量，使整个产品更加简洁。取景框呈棱形切割状，带有强烈的造型感，与外壳铝材的金属特性较为吻合。后盖内的胶卷压板工艺处理光洁，大小适宜，不会发生拉毛胶卷的情况。

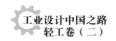

　　海鸥牌 DF 型照相机快门联动的声音十分清脆，比同类产品更有穿透力，这是因为部件多为金属所制。根据摄影爱好者的评论，这种声音能激起工作热情，客观来说对当时的人机互动产生了促进作用。海鸥牌 DF 型照相机的皮壳造型具有很强的一体化感觉，三块曲面形成了保护镜头的空间。

　　海鸥牌 DF-1 型照相机在当时将造型、功能、材料三个方面的设计推向了极致，是一款极有个性的"精密机器"。海鸥牌 DF-3 型照相机采用了塑料外壳，从外观上看，机身明显小于 DF-1 型和 DF-2 型，闪光连线插孔位于镜头座的右侧，镜头装卸钮位于镜头座的右下方，除此之外，照相机的基本造型没有太大的改变。塑料的材料特性与铝材截然不同，用塑料替代铝材降低了产品的品质感，模糊了产品的品牌形象。该款机型只生产了 3 台样机，并未正式投产。

　　从 1964 年至 1999 年，海鸥牌 DF 型单镜头反光照相机在发展过程中形成了多

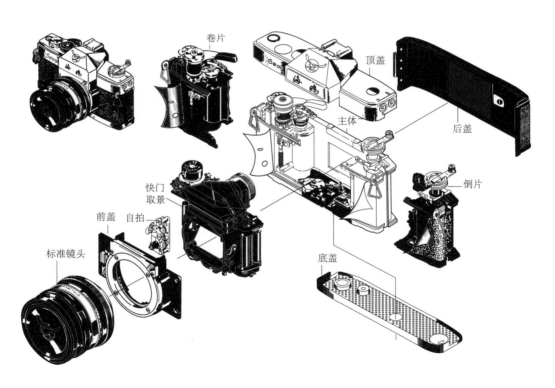

图 4-11　海鸥牌 DF 型照相机总结构图

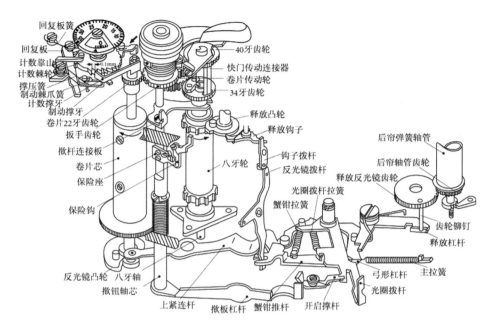

图 4-12　海鸥牌 DF 型照相机快门与卷片机构

个系列，填补了我国照相机工业的多项空白。当时，虽然海鸥牌 DF 型系列照相机还有一定的销售空间，但是考虑到世界照相机发展的趋势和国内照相机生产的现状，上海照相机总厂决定加快产品升级换代的脚步，着重研制生产包括数码照相机在内的高科技照相机，因此于 1999 年停止了 DF 型照相机的生产。

海鸥牌 28~70 mm、f3.5~4.5 变焦镜头是上海照相机总厂自行研制并投入大批量生产的照相机镜头。该镜头是 135 单镜头反光照相机的交换镜头，主要与海鸥牌 DF-300 型等系列照相机配套使用。它包含了广角段到小中焦段的拍摄焦距范围，是一种普及型的变焦镜头。该镜头在全部焦距范围内均有极其出色的成像质量，并且是一种操作简单、迅速、使用方便的变焦镜头。其卡口形式为 MD 卡口和 PK 卡口。MD 卡口可配海鸥牌 DF 型系列机身及美能达 X-300 型、X-700 型机身。PK 卡口可配宾得牌、理光牌、启能牌、明佳牌等 PK 卡口系列机身。光学结构形式为九片八组、两组式变焦。镜筒结构形式为旋转式变焦、带可变光阑机构。外形尺寸为 ϕ64 mm × 72 mm，重量为 370 g。

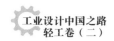

图 4-13　海鸥牌 DF-1 型照相机镜头

我国照相机变焦镜头的研制始于 20 世纪 70 年代初，在此后的一段时期内，我国的照相机变焦镜头市场一直被进口品牌镜头所占领。1992 年初，海鸥牌 28~70 mm、f3.5~4.5 变焦镜头率先进入国内照相机镜头市场，并很快以优异的像质、小型化、美观大方的外形及适中的价格赢得了广大摄影爱好者的青睐，开始在国内市场热销，打破了进口品牌镜头一枝独秀的局面。该款镜头的生产规模由月产 100 只迅速扩大到月产 1 000 只，继而到月产 4 000 只。当时即使迅速扩大生产规模，仍不能完全满足国内市场的需求，同时，该款镜头还批量进入国际市场。

该款镜头的光学系统设计始于 1986 年。在日本图丽公司推出 28~70 mm 变焦镜头后，我国的光学镜头设计专家就开始潜心研究该款镜头的光学系统，最终以全部采用国产光学材料、低成本、高像质的成功设计为质优价廉的国产变焦镜头大批量进入国内市场迈出了关键的一步。该款镜头是当时国内销量最大的变焦镜头。

该款镜头采用两组式光学结构，其光学系统前组为负光焦度，即所谓补偿组；后组为正光焦度，即所谓成像组。在转动变焦环，使焦距由 28 mm 变化到 70 mm 的过程中，后组由后向前做线性运动，前组由前向后再向前做曲线运动。通过改变前、后组之间的间隙大小，达到变焦的目的。同时，前组也是调焦组，与调焦环联动，起到调节焦点的作用。该光学系统最突出的特点是像质好，因其两组式的光学结构将像差校正到最佳位置，加之设计中将光阑放在前、后组中间且与后组的相对位置不变，所以在大批量生产过程中，其像质极易得到精确校正。该光学系统的像质、白光透过率、色贡献指数等光学指标都达到了当时国际同类镜头的先进水平，光学畸变也很小。

该款镜头的镜筒结构设计根据光学系统的要求主要采用了以下结构形式：预置光圈结构，旋转式变焦结构，导板式等间隔光阑与导槽式非等间隔光阑相结合的光阑机构，可变光阑机构，消除杂光机构，连续微距结构等。以上结构形式使该款镜头具有以下优点：在照相机取景屏上始终获得明亮、舒适的照度；变焦运动灵活，结构紧凑，稳定性好；可与光圈优先、速度优先、程序控制的照相机配合使用；使用中长焦距时可获得较大的相对孔径；底片上无杂散光影响；在各焦距范围内均可近距离 (0.4m) 拍摄。

四、品牌记忆

从 20 世纪 80 年代初开始，上海照相机总厂逐步改变前几年亏损的情况。从 1983 年第二季度起，工厂的产值、销售收入、货款回笼、出口创汇等指标都超过了历史最高水平。这一切，除了客观因素以外，强化对外宣传、加强改革力度、重视两个文明建设等内部因素也起到了极为重要的作用。其中，科技进步和科技开发、工厂产品结构调整、降低成本、提高劳动生产率、抢占市场等方面极为关键。下面是 20 世纪 80 年代末期上海照相机总厂在科技进步和科技开发方面所做的主要改进，从中不难看出"科学技术是第一生产力"这一论断的正确性。

1986 年从日本美能达照相机公司引进 X-300 型电子快门自动曝光单镜头反光照相机时，由于日元迅猛升值，上海照相机总厂考虑到以后可能利用国内力量改进镜头设计，于是放弃了价值 40 多万美元的标准镜头技术引进。此后，工厂立即着手利用内外部力量研制焦距为 50 mm、光圈为 f1.8 的标准镜头，代替焦距为 58 mm、光

图 4-14　手持海鸥牌 DF 型照相　　图 4-15　海鸥牌 DF 型照相机宣传
机拍照的小女孩　　　　　　　　海报

圈为 f2 的原标准镜头。研制新的标准镜头时要攻克套用现成标准球面样板、尽可能采用普通光学玻璃、不能偏离 X-300 型原标准镜头结构参数、塑料内镜筒热压包边、塑料外镜筒刻字、精密曲面丝网印刷、塑料调焦多头螺纹模具和成型等众多技术设计、工艺难关。1990 年，这种新型美观的标准镜头终于大量生产，替代了规格陈旧、外形笨重、外观粗糙的原标准镜头。新标准镜头的材料成本比原标准镜头下降 50%，制造工时也大幅度减少，年产能力达 20 万只。新标准镜头的开发成功，不但节省了 40 多万美元的技术引进费用，也为企业带来了巨大的经济效益和社会效益。

上海照相机总厂的主导产品是单镜头反光照相机，这种照相机有很多优点，其中最主要的就是可以根据不同的拍摄要求更换不同规格的镜头。该厂自 20 世纪 70 年代中期开始设计试制 35~70 mm 变焦镜头，到 20 世纪 80 年代中期，经过了整整 10 年时间，共设计了两种不同结构的样品 6 只，并通过了样品鉴定，但每一次都因外形笨重、外观粗糙、达不到商品要求而不能生产。

1990 年，一款外形小巧美观、成像质量优异的 28~70 mm 变焦交换镜头终于研制成功。经过一年的生产准备，该款镜头于 1992 年投入批量生产，当年 6 月份月产量达到 1 000 只，比轻工业局下达的计划提前一个月达产。

20世纪80年代后期,从美能达照相机公司引进X-300型照相机部分生产技术后,尚有超过92%的零件必须从美能达公司进口。几年间,在上海市经济委员会、上海市重大办的领导的支持下,多次立项招标攻关,又在上海地区各级研究所、高等院校、专业工厂和部分著名专家的努力下,先后完成数十项攻关任务,其中有原材料、辅料、精密模具、精密锌合金压铸、专用设备、检测仪器、电子元器件、柔性印刷电路板、大规模集成电路、光电传感器、特殊加工工艺及方法等。按零件价值计算的国产化成功率已超过90%,大批量替代率也已超过80%。不但大大节省了外汇支出,降低了生产成本,更重要的是,今后的生产将不再受制于外人。

引进技术的DF-300型照相机在性能、质量和外观上使上海照相机总厂的产品上了一个台阶。但是,任何一种产品都不可能是"永久"牌的,一家5 000人的大厂必须不断地推出新产品。后来,利用CAD/CAM模具技术开发不规则曲面捏手塑料后盖及易握形橡胶饰皮改进的DF-300D型照相机上市后,受到国内外市场的欢迎,

图4-16　海鸥牌系列照相机广告宣传

使 1991 年的产量上升到 11 万架。当时，带日期记录功能的 DF-300XD 型、内测光简易化的 DF-300M 型、带取景器光圈显示和可重拍的 DF-300N 型、带 1/2 000 秒机械钢片快门自动曝光的 DF-400 型以及其他带有马达自动卷片、程序快门、双优先自动曝光、内藏闪光灯等新功能的产品均在设计或酝酿中，这一系列产品将形成一个以 DF-300 型照相机为核心的完整产品系列，逐渐淘汰 DF-1 型系列照相机。在改革开放的新形势和大环境下，利用科技进步和科技开发逐渐调整产品结构，使工厂产品不断占领市场，是绝对必要的。

五、系列产品

1. 海鸥牌 DF-3 型照相机

1982 年，上海照相机总厂成功研制海鸥牌 DF-3 型照相机，主要采用纵走式钢片快门，在海鸥牌 DF-2 型照相机的基础上强化了测光系统及电子显示功能。该款机型只试产了三台样机，并未正式投产。

2. 海鸥牌 DF-2ETM 型照相机

1986 年，上海照相机总厂生产海鸥牌 DF-2ETM 型照相机。该款机型与 DF-1 型照相机相比，在结构和性能方面并无太大改进，只是在材料方面将金属顶盖替换

图 4-17　海鸥牌 DF-3 型照相机

图 4-18　海鸥牌 DF-2ETM 型照相机

图 4-19　海鸥牌 DF-300 型照相机多视角图

为工程塑料压铸成型的顶盖，快门仍为横走式帘幕快门。

3. 海鸥牌 DF-300 型照相机

1986 年，上海照相机总厂研制生产海鸥牌 DF-300 型照相机，1988 年底投放市场。

图 4-20　配备海鸥牌 SZ-2000 型闪光灯　图 4-21　海鸥牌 DF-300 型照相机使用说明书
的海鸥牌 DF-300 型照相机

图 4-22　海鸥牌 DF-300 型照相机广告

该款机型是我国较早采用光圈优先、电子快门自动曝光和手动曝光两种曝光模式的照相机，具有 TTL 中央重点平均测光，对焦屏由 250 万个六棱锥组成，布满整个取景器，透光度比一般照相机增加 50%，大大提高了对焦精度。该款机型由国家照相机质量监督检验中心检测，凡出厂上市的照相机都贴有 "PASSED"（合格）及国家质检中心英文缩写 "NCEC" 字样，采用椭圆形的烫金标签，既表明了产品合格，又表明了检测的权威性。

4. 海鸥牌 DF-300G 型照相机

1994 年，海鸥牌 DF-300G 型照相机投入生产。该款机型不同于海鸥牌 DF-300 型系列其他型号的照相机，采用由微电脑芯片控制的横走式帘幕快门（其他型号为石英电子控制）。具有多次曝光及景深预测功能，并预留电动卷片器接口。在手控时，快门速度为 T、B、2~1/1 000 秒；在自动时，快门速度为 8~1/1 000 秒。在使用 LF-

图 4-23　海鸥牌 DF-300G 型照相机　　　　图 4-24　海鸥牌 DF-400 型照相机

300A 型闪光灯时，闪光同步速度自动调整为 1/60 秒，避免闪光失误。

5. 海鸥牌 DF-400 型照相机

1994 年，海鸥牌 DF-400 型照相机投入生产。该款机型采用由微电脑芯片控制的电子纵走式钢片快门，快门速度为 T、B、2~1/2 000 秒，具有光圈优先、多次曝光功能。

6. 海鸥牌 DF-500 型照相机

1996 年，海鸥牌 DF-500 型照相机研制成功，并于同年 5 月通过国家技术鉴定。该款机型是在海鸥牌 DF-300X 型照相机的基础上开发的，增加了 TTL 闪光自动曝光控制、快门低速蜂鸣警报、自拍蜂鸣告示、取景器内光圈 f 值显示等功能，其他

图 4-25　海鸥牌 DF-500 型照相机

图 4-26　海鸥牌 DF-777 型照相机

功能与海鸥牌 DF-300X 型照相机相同。该款机型在电子功能上不同于海鸥牌 DF-300G 型或 DF-400 型照相机采用微电脑芯片控制，而是采用石英电子控制的横走式帘幕快门。在手控时，快门速度为 B、1~1/1 000 秒；在自动时，快门速度为 4~1/1 000 秒，闪光同步速度为 1/60 秒。

7. 海鸥牌 DF-777 型照相机

该款机型为石英电子控制的横走式帘幕焦平面快门，快门速度为 B、1~1/1 000 秒，手动曝光，闪光同步速度为 1/60 秒，有电子自拍装置。

8. 海鸥牌 DF-100 型照相机

1997 年，海鸥牌 DF-100 型照相机投入生产。该款机型为全机械手控式照相机，

图 4-27　海鸥牌 DF-100 型照相机

图 4-28　海鸥牌 DF-1000 型照相机

采用纵走式机械钢片快门，快门速度为 B、1~1/2 000 秒，闪光同步速度为 1~1/125 秒。中央裂像取景，MD 卡口，机械式自拍。由于在设计上取消了内测光系统，该款机型成为名副其实的纯机械照相机。海鸥牌 DF-100E 型照相机在海鸥牌 DF-100 型照相机的基础上增加了重拍机构。海鸥牌 DF-100D 型照相机增加了日期后背。海鸥牌 DF-100ED 型照相机吸取了 DF-100E 型和 DF-100D 型照相机的优点，既增加了重拍机构，又增加了日期后背。

9. 海鸥牌 DF-1000 型照相机

1998 年，海鸥牌 DF-1000 型照相机投入生产。该款机型属于石英电子控制的帘幕快门的 135 单镜头反光照相机，是海鸥牌 DF-2 型照相机的更新换代品种。标准镜头焦距为 50 mm，光圈最大为 f1.8，MD 卡口镜头，中心裂像式聚焦屏，横走式快门，快门速度为 B、1~1/1 000 秒，共 12 挡，快门释放为电磁释放器。该款机型设有电子自拍装置，扳把式 130° 转角卷片机构，预备角为 30°，闪光同步速度为 1/60 秒，顺算式自动归零计数器，以两节五号电池驱动，切换式总开关，机身总重量为 470 g。

10. 海鸥牌 DF-2000 型照相机

1999 年，海鸥牌 DF-2000 型照相机投入生产。该款机型采用电子帘幕快门，属于手控式单镜头反光照相机。

图 4-29　海鸥牌 DF-2000 型照相机

图 4-30　海鸥牌 DF-5000 型照相机

11. 海鸥牌 DF-5000 型照相机

该款机型在海鸥牌 DF-300 型照相机的基础上进行了改进，可以实现 TTL 闪光自动曝光，并预留电动卷片器接口，其他功能基本未变，适合摄影初学者使用。

第二节　珠江牌照相机

一、历史背景

重庆明佳光电仪器厂（原名重庆明光仪器厂）是中国兵器工业总公司直属的光学精密仪器制造厂和国家 135 单镜头反光照相机定点生产厂，国家机电产品和精密仪器出口基地之一，国家二级企业。1989 年，重庆市政府为了建立健全该市各种工业门类，集中力量树立全市十五条"工业小龙"，用三个军工厂与成都交换，将该厂从华蓥市搬迁至重庆市。同时为该厂提供三个厂址供其选择，并提供贷款 1 亿元，将其确立为该市第八条"工业小龙"。

重庆明佳光电仪器厂本是一家军工企业。1972 年该厂开始走上军转民的道路，开发生产了具有当时国内先进水平的美多牌 135 单镜头反光照相机。在 20 世纪 70

年代初的计划经济时代，由于广州一家贸易公司在国外注册了珠江牌商标，出于对出口的统一需要，从此形成了一条不成文的规定：从广州口岸出口的照相机及其附带产品均称珠江牌，以此发挥国家计划经济的优势，共同占领国际市场。就这样，形成了该厂与广州照相机厂等几家工厂共同使用珠江牌的奇特局面。但是，广州照相机厂直到破产前一直生产的是珠江牌 135 平视取景照相机，而重庆明佳光电仪器厂生产的是珠江牌 135 单镜头反光照相机。

1972 年 12 月，第五机械工业部组织西南地区的华光（更名前叫永光）、明光、金光等五家仪器厂和云南昆明光学仪器厂，与广州轻工业产品进出口公司洽谈联合开发出口照相机事宜，决定共同生产 135 单镜头反光照相机，产品命名为珠江牌 S–201 型，华光、云南昆明光学仪器厂和河南星火仪器厂三家工厂开发生产与之配套的广角、中焦和变焦系列照相机专用镜头。珠江牌 S–201 型照相机是中国第一台带有可换取景器的 135 照相机，不过这台照相机一研究就是 5 年多，一直到 1978 年，珠江牌 S–201 型照相机才开始正式生产。

从 20 世纪 80 年代初期起，明光厂凭着雄厚的技术实力，在国内率先设计生产出了分光棱镜，并创造了独特的表面处理新工艺，很快成为国内同行业中的佼佼者。其生产的珠江牌 S–201 型照相机在 20 世纪 80 年代曾出口东南亚等地区。

20 世纪 80 年代中期，珠江牌和海鸥牌齐名，成为全国两大国产照相机名牌，此后，明光厂和其他几个光学仪器厂联合引进了日本宾得照相机生产线，生产出了珠江牌 S–207 型内测光单镜头反光照相机，把我国的照相机生产水平又向前推进了一大步。

二、经典设计

1. 珠江牌 S–201 型照相机

珠江牌 S–201 型照相机的原型是中国照相机行业的领头羊——上海照相机总厂开发的中国最早的单镜头反光照相机海鸥牌 DF 型系列。海鸥牌 DF 型系列极具代表性的性能和造型，引起了国内其他厂家的效仿。可以说这一造型的照相机对于境外

图 4-31　珠江牌 S-201 型照相机

的照相机爱好者来说是当时最有名的中国单镜头反光照相机。理由有以下两个：第一，
它拥有与尼康牌 F 型照相机极其相似的黑色机身，取景器可以简单地换成折叠式取
景器；第二，多配备几个交换式镜头、胶卷和滤光镜，就是体系完善的照相机系统了。

　　由于镜头和机身都是由上述几个工厂分散生产的，在机身后部所刻的出厂序号
也不相同，明光为 "M"，永光为 "Y"，金光为 "J"，全部都为汉语拼音的第一
个字母。镜头还稍有差异：明光为 "MG"，永光为 "YG"，金光为 "JG"。

　　照相机快门为帘幕式，快门速度为 B、1~1/1 000 秒，快门和闪光的同步速度为
1/45 秒，设有自拍装置。机身左侧有 FP 和 X 两个同步接点，也有反光镜预升锁定功能。
镜头为六片四组，焦距为 58 mm，光圈最大为 f2，最近摄影距离为 0.6 m。镜头的前
框上刻有 "珠江 S-201 1:2 f=58 mm PEARL RIVER"，在这之后刻有 "MG-" 等工
厂名字开头的出厂序号。整个光圈环上几乎都刻满了字，感觉很充实。镜头光圈刻
度中 f8 是红色，f16 是绿色，光圈叶片共六片，镜头卡口为 MD 卡口，对焦屏为裂
像式，周围刻有微型棱镜。机身重量为 700 g。

　　该款照相机取景器和镜头的形状，以及镜头的装卸按钮都和尼康的产品很相似，
但是卷片扳手和快门速度调节又与海鸥牌 DF 型系列是一样的。机身上没有热靴，但
是可嵌入到倒片扳手的根部，虽然和尼康 F 型照相机并不完全相同，但也有些类似。
初期的机型底部还有马达装置接口。机身后面的右上方刻有 "中国制造 MADE IN
CHINA" 字样。

图 4-32　珠江牌 S-201 型照相机多视角图

　　珠江牌 S-201 型照相机特别耐用，跟模仿美能达牌照相机所生产的海鸥牌照相机的小巧的感觉形成了鲜明对比。然而实际使用过后就会发现，它在手感上的整体感觉和海鸥牌照相机相差不大，上卷的旋转角度很大，稍感沉重，快门声音和震动也很大；镜头、取景器的装卸都有些不稳定；镜头的拍摄效果和海鸥牌 DF 型照相机大同小异。不过，后期生产的产品有所改善。

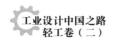
通过俯视取景器内设的放大镜可以进行精细调焦，获得清晰度最佳的照片。这种可更换取景器是国外专业单镜头反光照相机的标准设计，珠江牌 S-201 型照相机采用了这种设计，实际上是国产单镜头反光照相机向国外专业照相机靠拢的一次尝试，也是当时国产 135 单镜头反光照相机唯一具有可更换取景器设计的上市产品，这一特点确立了珠江牌 S-201 型照相机在国产照相机发展史上不可替代的地位。如果再将可更换取景器稍加改进，将照相机上的单边弹性锁改为双边同时弹性锁扣，可能就不会出现长期使用后取景器松动的情况了。

2. 珠江牌 S-207 型照相机

珠江牌 S-207 型照相机是 S-201 型的后继机型。它配有由华光厂用国产普通光学玻璃和金属材料生产的焦距为 50 mm、光圈为 f2 的珠江牌标准镜头。该镜头使用 K 型接口（也生产 MD 接口镜头），光学结构为六片五组，光圈从大至小为 f2~f22，有半挡定位，重量为 170 g。有关部门曾抽检五只该款镜头，测试光圈 f2 和 f8，其中心分辨率最高的一只为 63 pl/mm，最低的一只为 56 pl/mm。边缘分辨率最高的一只为 39 pl/mm，最低的一只为 34 pl/mm。色彩还原达到国际标准，畸变、杂散光参数均达到标准。同时还抽检了一只用于宾得 K1000 型焦距为 50 mm、光圈为 f2 的镜头，该镜头五片五组，光圈从大到小为 f2~f22，中心分辨率 63 pl/mm，边缘分辨率 37 pl/mm。色彩还原达到国际标准，畸变、杂散光参数达到标准。重量为 165 g。

图 4-33　珠江牌 S-207 型照相机

由此可见，珠江牌焦距为 50 mm、光圈为 f2 的镜头与宾得焦距为 50 mm、光圈为 f2 的镜头相当，质量在国内已属上乘。

珠江牌 S-207 型照相机采用横走式机械控制帘幕焦平面快门、全手动操作。快门速度为 B、1~1/1 000 秒，X 闪光同步时间为 1/60 秒。珠江牌 S-207 型的快门与宾得 K1000 型的快门相比，制造略显粗糙。外观与宾得 K1000 型几乎一样，但珠江牌 S-207 型装有机械自拍装置，而宾得 K1000 型没有。珠江牌 S-207 型的取景器有裂像、微棱、磨砂玻璃三重调焦机构，调焦精确。其测光系统是采用一枚硫化镉光敏电阻对取景器聚焦屏进行全开光圈平均测光，取景器内有指针式测光显示，测光灵敏准确。

珠江牌 S-207 型照相机有两个值得一提的优点：一是机身主体和上、下盖全部由金属材料制成；另一个是按下机身底部的倒片释放钮可进行多次曝光。20 世纪 90 年代初，很多进口的高级照相机采用工程塑料制造，虽然重量是减轻了，然而其精度却无法与金属机身相比。至于多次曝光，进口照相机绝大多数无此装置，或多或少地影响了特殊效果拍摄。

珠江牌 S-207 型照相机虽然是引进国外名牌产品而制造的，但宾得 K1000 型毕竟是 1976 年的产品，而且是普及型的设计，尚有一些设计不能适应 20 世纪 90 年代初的消费需求。如：测光元件是硫化镉，虽然测光准确，但它的测光范围只达到 EV3~EV18，而且对强光有记忆效应，与蓝硅、磷砷化镓元件相比还是有一定差距的。

快门是相机的心脏，珠江牌 S-207 型虽然沿用宾得制造精良的帘幕快门，但它制造欠考究，影响了整机的品质感。宾得 K1000 型与珠江牌 S-207 型都没有电源开关，只要一打开镜头盖，测光系统就开始工作，这样会延长测光元件的工作时间，既影响其寿命又浪费电。

三、工艺技术

珠江牌 S-201 型的原始设计以尼康 F 型为蓝本，并参照了海鸥牌 DF 型照相机的技术特点。该相机的实用性能较海鸥牌 DF 型要好，在功能设置上较有新意，主要体现在：①设计了平视和俯视取景器各一款。可更换式取景器在自动对焦照相机时代以前可算是专业单镜头反光照相机的标准装备，那个时代的专业单镜头反光照相机无一不是以照相机机身为核心、带有大量附件的专业摄影系统。②珠江牌 S-201 型照相机配备了标准、广角、中长焦、长焦及变焦镜头，其中包括焦距为28 mm、光圈为 f2.8 和焦距为 35 mm、光圈为 f2.3 的广角镜头，焦距为 50 mm、光圈为 f2 和焦距为 58 mm、光圈为 f2 的标准镜头，焦距为 105 mm、光圈为 f2.5 和焦距为 135 mm、光圈为 f2.8 的中长焦镜头，焦距为 300 mm、光圈为 f5.6 的长焦镜头，以及焦距为 45~90 mm、光圈为 f3.5 和焦距为 80~200 mm、光圈为 f4.5 的变焦镜头，其中焦距为 105 mm、光圈为 f2.5 的镜头为河南星火仪器厂生产，焦距为45~90 mm、光圈为 f3.5 的镜头为云南昆明光学仪器厂生产。除焦距为 300 mm、光圈为 f5.6 的长焦镜头未在市场销售外，其余镜头都作为珠江牌照相机的主要配套镜头使用。可以说和同时代的海鸥牌 DF 型以及孔雀牌 DF 型照相机相比，珠江牌照相机有了一个比较系统的镜头群，极大地方便了摄影爱好者。珠江牌 S-201 型照相机只有全黑色机身一种，其上、下盖及取景器外壳均采用黄铜制成，整机尤为坚固，分量十足，包括标准镜头在内总重达 1 025 g。精湛的军工工艺使珠江牌 S-201 型照相机具有良好的耐用性。时至今日，珠江牌 S-201 型照相机的上述优点仍为广大摄

图 4-34　珠江牌 S-201 型照相机的镜头

图 4-35　珠江牌 S-201M 型照相机镜头

影爱好者和照相机收藏研究者所津津乐道。

　　珠江牌变焦镜头是一种具有适中焦距范围的交换镜头。用一个调节圈同时控制变焦和调焦：推拉控制变焦，转动控制调焦。操作十分便捷，属于单环推拉式。光圈预置，拍摄时自动收缩光圈，取景视野明亮。主要技术规格如下：焦距为 80~200 mm，光圈最大为 f4.5，视角为 30° 16′~12° 21′，最近对焦距离为 1.7 m，镜头结构为十二片九组，外形尺寸为 φ 73 mm×172 mm，重量为 820 g。

　　随着该款镜头的诞生，国产的海鸥牌 DF 型、孔雀牌 DF 型、珠江牌 DF 型等，都有了配套镜头。此前广州照相机厂推出的 K 卡口的变焦镜头（也称销式卡口）可配于宾得牌、理光牌、启能牌、确善能牌、摄美牌、适马牌、密伦达牌，以及珠江牌 S-207 型等照相机。这在 20 世纪 90 年代初进口照相机、进口镜头充斥国内市场的情况下，对各行业的摄影人士来说是一个好消息。

　　在珠江牌镜头的变焦范围内，取 80 mm、90 mm、105 mm、135 mm、200 mm 焦距实拍后，与海鸥牌 DF 型照相机原标准镜头所拍同一景物做对比，除了有不同焦距的透视特点外，效果良好。

　　一般情况下，80~200 mm 的变焦范围，再加上照相机的原标准镜头（焦距为

图 4-36　珠江牌焦距为 80~200 mm、光圈为 f4.5 的变焦镜头

58 mm），各种题材的摄影都能应付。如果再有一只 2× 增距镜头，其焦距范围可变成 160~400 mm，使野外动物、大型体育比赛等远距离抓拍的效果都很理想，且花费少，收效大。光圈从大至小为 f4.5~f32，范围很广。

尽管红外线摄影平时很少使用，但该款镜头仍设置了红外线摄影调焦补偿曲线，这对特技摄影、科研摄影、军事摄影等很实用。

各特定焦距、物距和配合光圈的景深，由不同的彩色线条清晰地显示出来，对控制景深、使用超焦距提供了可观的数据，检测方便。

手持带变焦镜头的照相机，拍摄时要求快门速度不能低于变焦镜头焦距的倒数值（不是变焦镜头短焦一端的数值，而是指长焦一端）。如珠江牌焦距为80~200 mm、光圈为 f4.5 的变焦镜头，手持拍摄时不能低于 1/200 秒。有人说变焦镜头成像质量太差，其实这与快门速度有关。另一个重要原因是持握照相机和变焦镜头的方法与姿势。按常规一般用右手握住照相机，并按动快门。关键在左手，有

图 4-37　珠江牌 S-201 型照相机镜头，左起依次是焦距为 35 mm、光圈为 f2.3，焦距为 45~90 mm、光圈为 f3.5，焦距为 28 mm、光圈为 f2

这样几种握法：一是手心向外，五指握住整个调节圈；二是手心向内，以拇指和食指为主，中指为辅，无名指和小指卷起作为支架稳住变焦镜头；三是手心向内，用拇指和食指调节变焦镜头调节圈，中指在调节圈后帮助推动调节圈，其余两个指头卷起和手掌右部一起托住照相机底部。无论是站还是蹲，都要掌握住身体重心。拍摄时，最好用前额顶住照相机。如周围有树木、墙角等支撑物应尽量利用。

装卸变焦镜头时，应把调节圈拧至长焦一端，握住镜头后端焦距刻度圈部位装卸。特别是安装时，一定要看到机身上装卸镜头的按钮跳起或听到"咔嗒"声。在使用中，因为经常调焦、调整光圈，无意中也会触动装卸按钮，应随时注意。

变焦镜头不用时，应用软毛刷从调节圈中心向两端有规律地清扫灰尘，不要把这部分灰尘扫到调节圈与镜筒结合处的窄缝里去。把距离刻度圈中的∞对准镜头上的基准点，使镜头缩至最小长度，盖上前后镜头盖，放进包装筒中去。

变焦镜头是贵重的精密仪器，在恶劣天气环境中使用时应格外小心。一旦发生故障，应及时与生产厂家联系，不能自己拆卸。

实践证明，一只变焦镜头能顶替多只定焦镜头，特别是在外出的时候，能减少许多器材和重量。除了易于操作，变焦镜头还能任意压缩或扩展画面，有益于取得完美的构图。

变焦镜头同时还是进行创作的有力工具。如长时间曝光同时变焦可产生爆炸效果；多次分级变焦曝光法可取得渐变层次轮廓的特殊效果；长焦大光圈以虚化背景突出主体；长焦小光圈扩大景深压缩空间给人以紧凑与重叠的效果；连续闪光、连续变焦取得串像的特技画面；长焦距近摄改变透视效果等。拍摄的技术、题材多种多样，变化无穷无尽。

如果照相机属镜后测光，那么长焦一端测光时能提供一个局部测光机会，可帮助使用者处理如逆光、阴影等曝光难点。

珠江牌焦距为 80~200 mm、光圈为 f4.5 的变焦镜头与海鸥牌 DF 型照相机近摄接圈配合后，拍摄同一景物，在画面成像比例相同的情况下，可以大大地延长拍摄物距。如加用 3 号接圈后，使用标准镜头（焦距为 58 mm）时物距约为 80 mm；使用 80 mm 焦距时物距约为 150 mm，增加了近一倍；使用 200 mm 焦距时物距约为 700 mm，与标准镜头相比，物距增加了 8~9 倍。利用这一特性可以在较远距离处近摄许多无法靠近的画面，同时也能取得比标准镜头更大比例的成像效果。

四、品牌记忆

在还没有改革开放的 20 世纪 70 年代，人们的知识产权保护意识比较薄弱。有些厂家借鉴西方国家有名的照相机型号进行设计制造。中国加入世界贸易组织后，开始重视并认真努力贯彻知识产权的保护政策，实际上，此时我国已对照相机行业以往轻视知识产权保护的经历和受到的沉痛教训有了深刻认识。

关于珠江牌照相机的商标曾有一段插曲。珠江牌 S-201 型单镜头反光照相机是重庆市明光仪器厂等几家生产军用产品的工厂于 1972 年联合开发的，1973 年投入生产。当时，该款照相机在国内得到好评，颇为畅销，到了 1987 年年生产量超过 1 万台，已能够向东南亚等地区出口，是中国有名的产品商标之一。同年，广州照相机厂的"珠江"商标先行完成商标登记，重庆的"珠江"商标不能再使用，这样一来事态变得比较复杂。"珠江"（英文为"Pearl River"）是流经广东省的河流的名字，原广州照相机厂生产的折叠式照相机和双镜头反光照相机，全部使用"珠江"商标。广州毗邻中国香港，广州企业有较多机会接近和了解西方社会状况，完成商标注册应是理所当然的事。

但是，四川的企业意识到事态的严重性，对于不能使用已有 10 余年历史并有亲切感的商标深感遗憾，无奈之下将商标改为"明佳"，并花费高额的广告费做宣传，但效果很不理想。后来，由于外国照相机大量进入中国市场，激烈的市场竞争使广州照相机厂经营不良，于 1998 年宣告破产，"珠江"商标被单独拍卖。得知此消息的重庆厂家决定要拿回"珠江"商标，几经努力后终于中标，并获得成功。当时拍卖出现白热化，预计应为 9 000 元，最终中标时高达 40 万元。

作为已有 30 多年"摄龄"的摄影发烧友和单位兼职摄影师，黄伟光用过的 135

图 4-38　明佳牌 S-201 型照相机

照相机从 MF 到 AF，至少也有八架之多了。如下是他的回忆：

　　论起我最珍爱的也是我经常向南北影友提到的照相机，既不是德国的徕卡，也不是日本的尼康、佳能、美能达，而是一架一身三镜的全手动、无测光、金属机械的国产 135 单镜头反光照相机——珠江牌 S-201 型照相机。虽然我因视力衰退早已用上了 AF 单镜头反光照相机，但这套珠江牌 S-201 型照相机仍是我最珍爱的宝贝，

图 4-39　品牌更名时期的明佳牌照相机

躺在我 2 000 多元购置的电子干燥箱内，过着自在悠闲的"退休"生活。

我为什么如此珍爱这架照相机？简而言之，一是其结构不同凡响；二是其性能优良；三是每每看到这架照相机，诸多往事一幕幕涌上心头……

虽然我国早在 1950 年就由天津照相机厂试制出了晨光牌、南京光学仪器设备厂试制出了紫金山牌、中科院长春光机所试制出了天池牌三种 135 单镜头反光照相机，但由于原材料、设计成熟程度等条件所限，都未能进行工业化大批量生产。直到 1966 年，上海照相机总厂才推出了能进行工业化大批量生产的海鸥牌 DF 型 135 单镜头反光照相机。

但是，随着感光材料性能的不断提高，135 单镜头反光照相机在实现"无视差"取景（严格讲仍有视差）、交换镜头、测光及测光校正等方面，比平视测距照相机容易得多，照相机也越来越普及，国内市场需求增加，对照相机性能要求越来越高。

值得一提的是，珠江牌 S-201 型照相机上、下盖及取景器外壳均采用黄铜打造，再加上标准镜头的话重量要重于海鸥牌 DF-1 型，达 1 028 g，富有个性，拿在手中以及贴在额头上、脸上的感觉，绝不同于铝合金材质的海鸥牌 DF-1 型照相机。包括标准镜头在内的三款镜头，不光口径大，而且无论从清晰度还是畸变校正方面来看，都有上乘表现。其中焦距为 58 mm、光圈为 f2 的标准镜头的中心分辨率为 53 lp/mm，边缘分辨率为 26 lp/mm，超过当时 GB/T 9917—1988 对最高级镜头分辨率的要求（国际最高级镜头要求中心分辨率为 40 lp/mm，边缘分辨率为 25 lp/mm）。有人曾将华光厂生产的四片四组焦距为 135 mm、光圈为 f2.8 的珠江牌镜头与同规格五片五组的美能达牌镜头做过测试比较，就分辨率而言珠江牌已与美能达牌镜头基本相当，个别情况下还略有胜出，这也是其在不少年龄大一些的影友中颇有口碑的原因。另外，焦距为 35 mm、光圈为 f2.3 及焦距为 135 mm、光圈为 f2.8 的两只镜头曾于 1983 年获得国家经济委员会颁发的"优质产品金龙奖"最高奖项，还多次获得过兵器工业部部级优秀产品及质量评比第一名。据有关资料，我使用的这只焦距为 105 mm、光圈为 f2.5 的中焦镜头系兵器部河南星火仪器厂研制，产量较少，是早期与珠江牌 S-201 型照相机配套的中焦镜头，不久即被焦距为 135 mm、光圈为 f2.8

的镜头取代，但其像质还能令我满意。从使用可靠性来看，我周围使用同型号照相
机的朋友维修过反光板不下翻等故障，我也听说过关于永光、金光、明光三厂同时
生产珠江牌 S-201 型照相机，而可靠性有一定差异的说法。我这架珠江牌 S-201 型
照相机、镜头编号前都冠有一个汉语拼音大写字母"Y"，应该是永光厂的产品，但
这架照相机及镜头前后用了 10 多年，却从未"罢过工"，时间长了只是发现可更换
取景器出现了一点松动。我认为照相机是比较 "娇嫩"的精密仪器，必须由内行小
心使用、精心护理才行。也许正是由于我的谨慎加上永光厂过硬的产品质量，这架
珠江牌 S-201 型照相机和镜头才得以"健康"运行到"光荣退休"。不少朋友问我
珠江牌 S-201 型照相机上的俯视取景器有什么优点，一般影友极少有低角度取景拍
照的情况，也可能不经常需要近摄，但在上述两种状态下你会感觉到俯视取景器是
极方便的，特别是在微距摄影时，景深很浅，珠江牌 S-201 型照相机的俯视取景器
内设的放大镜可以进行精细调焦，获得清晰度最佳的照片，这时俯视取景器几乎是
不可或缺的。我曾经向中国台湾《摄影天地》的汤思泮主编先生介绍大陆照相机时，
自豪又不无偏爱地说，珠江牌 S-201 型照相机是大陆生产的"准专业照相机"。

五、系列产品

1. 珠江牌 S-201M 型照相机

该款照相机性能与珠江牌 S-201 型照相机相同，不同处在于其顶盖及底盖
的改进。S-201 型为镀铬全黑机身，而 S-201M 型为银白色机身，镜头由焦距为

图 4-40　珠江牌 S-201M 型照相机　　　图 4-41　珠江牌 MCK-1000 型照相机

图 4-42　珠江牌 MEK-2000 型照相机　　图 4-43　珠江牌 MEK-3000 型照相机

58 mm、光圈为 f2，改为焦距为 50 mm、光圈为 f2。该款镜头为华光厂产品，镜头编号前冠有"HG"标识，同时以微棱镜取景，以裂像对焦。

2. 珠江牌 MCK-1000 型照相机

珠江牌 MCK-1000 型照相机由重庆明佳光电仪器厂生产。1984 年，该厂引进国外技术生产出珠江牌 MCK-1000 型照相机。1989 年又改进设计，增加三灯式测光系统，外观上也做了调整。标准镜头由原来的焦距为 50 mm、光圈为 f2 改为焦距为 50 mm、光圈为 f1.7；测光系统由原表头针式改为 LED 三灯式；测光范围由原 EV3~EV18 改为 EV2~EV19；测光速度由原约 3 秒改为约 0.3 秒；电池由原一枚 1.5 V 的 SR44 改为两枚 1.5 V 的 SR44。

3. 珠江牌 MEK-2000 型照相机

该款照相机配六片四组焦距为 50 mm、光圈为 f1.8 的镜头，电子快门，快门速度为 B、A、1~1/1 000 秒，共 13 挡；五棱镜裂像取景，取景器内有速度值显示。

4. 珠江牌 MEK-3000 型照相机

该款照相机是珠江牌 MEK-2000 型的提高型，电子纵走式钢片快门，快门速度为 B、A、1~1/1 000 秒，闪光同步速度为 1/125 秒，TTL 重点测光，12 点显示，具有光圈优先、自动确定速度（自动曝光）及曝光补偿、机械自拍功能，重量为 660 g，无多次曝光功能。

图 4-44　明佳牌 MCK-1000 型照相机

图 4-45　明佳牌 MFK-1000 型照相机

图 4-46　明佳牌 MAE-1000 型照相机

5. 明佳牌 MFK-1000 型照相机

该款照相机配焦距为 50 mm、光圈为 f2 的镜头，PK 卡口；帘幕式快门，快门速度为 B、1~1/1 000 秒，闪光同步速度为 1/60 秒。

6. 明佳牌 MAE-1000 型照相机

该款照相机内置马达驱动，具有光圈优先、自动确定速度或手动确定速度、多次曝光功能，属内测光自动照相机。

第三节　甘光牌JG304型系列照相机

一、历史背景

20 世纪中叶，国家出于战备安全考虑，对重点工业企业实行"靠边、进山"的方针，选址临夏建设甘肃光学仪器厂。经由来自东北和南京等地机械制造工业基地的职工，在极其困难艰苦的条件下，在毫无工业基础的临夏，建起了具有当时先进水平的精密光学产品工厂。当时以电影工业为主，生产电影摄影机及相应的电影生产用光学仪器，同时为普及电影用的 35 mm 和 16 mm 流动式放映机，于 20 世纪 70 年代初又推出了具有中国特色的 8.75 mm 小型放映机。

甘肃光学仪器厂引进国际先进的德国蔡司厂的光学镜头生产技术，其所生产的各种光学镜头在全国享有极高声誉。

甘肃光学仪器厂 1983 年开始生产采用日本精工快门的甘光牌 JG304C 型 35 mm 平视取景电子程序快门照相机。但是进入市场经济以来，该厂在发展中遇到了前所未有的困难。2007 年 3 月 30 日，经临夏州中级人民法院裁定，甘肃光学仪器工业公司破产清算程序终结。

二、经典设计

甘肃光学仪器工业公司生产的甘光牌 JG304C 型和 JG304D 型照相机，是参照美能达牌 SD 照相机设计，引进日本先进设备生产的平视取景、电子程序自动曝光、内藏闪光灯的塑料机身 135 照相机。其中 C 型照相机于 1983 年试制成功，并通过国家鉴定，初名凤凰牌，后改称甘光牌。这两种照相机的外观基本一样，只是 D 型照相机在 C 型照相机的基础上，增加了附印日期功能。下面先介绍这两种机型共同的性能与特点，最后再说明 D 型照相机的附印日期功能。

从外观上看，甘光牌 JG304 型系列照相机酷似美能达牌 SD 照相机。但仔细比较，无论是机身的光洁度、饰皮粘贴的平整度，还是操作时的手感，都略逊一筹。但该

图 4-47　甘光牌 JG304D 型照相机

图 4-48　甘光牌 JG304D 型照相机套装，含包装盒与皮套

机质量可靠、功能齐全、携带方便、价格适中，符合当时国内大众的消费水平。

　　甘光牌 JG304 型系列照相机装有光学结构为四片三组的天塞型加膜镜头，焦距为 38 mm，光圈为 f2.8。视场较宽，景深较大，适合于拍摄家庭照及旅游照。因为该镜头是前组调整，近距摄影时对成像质量有一定影响。不过若用于拍彩色负片，扩印成 R 照片，是没问题的。镜头的色彩还原也不错。镜头的上方是测光孔，下方是感光度显示窗。转动镜片外圈的调整环，便可调整胶片感光度。测光方式是镜外硫化镉 (CdS) 光敏电阻测光，测光范围为 EV5~EV17。

　　该款照相机原来使用的是从日本引进的精工 (SEIKO) ESF-D849 型电子程序镜间快门。经过几年的努力，工厂研制出国产化的快门，并投入批量生产，其性能与原装快门一样。用 GB21° 胶卷时，其自动曝光范围为 EV5(光圈为 f2.8，1/4 秒) 至 EV17 (光圈为 f17，1/450 秒)。 快门上设有机械自拍装置，自拍扳手位于镜头左下侧。快门上弦后，沿逆时针方向将扳手推至下极限，再按箭头所示方向轻推一下扳手，自拍装置即开始工作，延时 8~12 秒后，快门自动开启。如操作有误，快门和自拍装置会卡死，这时只要按正确步骤重新操作，就可解除。

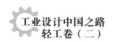

图 4-49　甘光牌 JG304D 型照相机多视角图

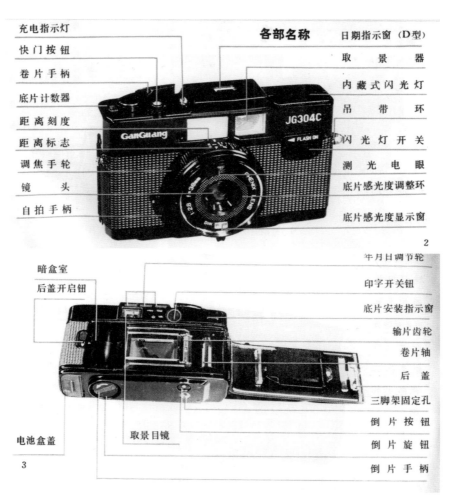

各部名称

充电指示灯
快门按钮
卷片手柄
底片计数器
距离刻度
距离标志
调焦手轮
镜头
自拍手柄

日期指示窗（D型）
取景器
内藏式闪光灯
吊带环
闪光灯开关
测光电眼
底片感光度调整环
底片感光度显示窗

暗盒室
后盖开启钮

年月日调节轮
印字开关钮
底片安装指示窗
输片齿轮
卷片轴
后盖
三脚架固定孔
倒片按钮
倒片旋钮
倒片手柄

电池盒盖
取景目镜

图4-50 甘光牌JG304C型照相机结构图

摄影步骤

1 安装电池
2 装入底片
3 校准胶片感光度
4 调整附印日期装置（D型）
5 调焦
打开闪光灯
7 按下快门按钮

图4-51 甘光牌JG304C型照相机摄影步骤

甘光牌 JG304 型系列照相机的镜头对焦环上，印有供目视测距用的距离标志和图形标志。一般人对图距标志不熟悉，其实这正是该机测距方式的特色。五段图形标志分别表示拍摄人头像、胸像、半身像、合影像和远景时的调焦位置（以一般成年人身高和横持相机拍摄时为准），与其相对应的距离分别为 0.8 m、1 m、1.5 m、3 m 和 ∞。每个图距标志处均有定位挡，手感很明显。在取景器内左侧从上至下，也印有同样的五个图形标志。转动调焦环时，窗内的联动指针便在标志上移动，并与调焦环上的标志同步。只要充分了解图距标志的意义，并记住与其相对应的距离，拍摄时仅通过取景器就可以调整距离，方便实用。

取景器底部中央，设有低亮度警告 LED 指示灯。轻按快门钮，若被摄物亮度低于 EV8.4（光圈为 f2.8，1/45 秒），指示灯就会点亮，提醒摄影者注意。这时可将机身前面右上侧的闪光灯开关向箭头所指方向推去，内藏闪光灯便立即跳起并开始充电。随着充电的进行，取景器内低亮度指示灯徐徐发亮，充电完毕后开始闪烁，位于照相机顶部的充电指示灯同时闪烁，所以即便眼睛不离开取景器，也能了解充电的情况。使用 GB21° 胶卷时，闪光灯指数为 10。闪光摄影的曝光量，由程序快门电路中的 FM 机构控制。当摄影者在闪光允许范围内调好后物距后，FM 机构就能用机械联动的方式，自动设置光圈大小，并实施闪光同步。如果想要在日光下用闪光灯做辅助摄影（逆光拍摄时），FM 机构可根据测光结果，配合自然光摄影的 AE

图 4-52　甘光牌 JG304D 型照相机镜头

程序，以小光圈优先进行联合控制。该款照相机的闪光摄影控制功能比较完善，实际拍摄效果也令人满意。

该款照相机用手柄操作卷片，一次性卷片与快门上弦联动，有防重拍与防漏拍功能。使用时动作顺滑、轻松，预备角30°，工作角140°，操作敏捷。快门释放钮操作很轻巧，只是行程略长一点。不过快门钮兼做测光开关，行程长一点，有利于避免测光过程中误将快门释放。该机没有独立的电源开关，但只要不卷片，快门按钮就不可按下测光，能有效避免因快门钮受压而消耗电能。

甘光牌JG304型系列照相机的倒片摇柄装在照相机底部，卷片时不易看到摇柄是否跟胶片一起转动，所以在卷片扳手下（后盖右上部）设有胶片入卷显示窗。如胶卷确实卷入片芯，窗中会出现橘红色信号，并随着卷片的继续，逐渐向右移动；倒片时信号向左移动。不过该信号较小，每次移动量很少，不易观察。

该款照相机不能无电操作，电源为两节五号电池，可在锌锰、碱性和镍镉电池中任选一种。849电子快门的工作电压在2 V以上，在同类快门中属较好水平。使用中如电池内阻增大，闪光灯充电不足时，所剩余的电能亦可供快门使用。当电压降至2 V以下时，快门会自动锁住，可防止因电压过低而曝光不准。

三、工艺技术

甘光牌JG304型系列照相机是使用135胶片，内藏跳立弹出式闪光灯，电眼测光，电子程序快门，旁轴平视取景的自动曝光的照相机，画幅尺寸为24 mm×36 mm。它能根据被摄物体的亮度自动确定光圈值和快门时间，从而实现照相机的自动曝光。

快门：使用日本精工（SEIKO）ESF-D849型电子程序快门，速度为1/4秒（光圈最大为f2.8）~ 1/450秒（光圈最大为f17）。

光圈调节范围：f2.8~f17。

测光方式：镜头旁附有CDS电眼式外测光机构，硫化镉（CdS）光敏电阻做机外平均测光。

测光范围：测光联动范围为 EV5~EV17（ISO100），EV8.4（光圈f2.8，1/45
秒）以下有低照度手震警告提示。

感光调节范围：DIN15~27（ISO25 — 400），与自动曝光系统联动。

取景器：采用逆伽利略型采光式亮框平视取景，近距离拍摄视差校正标记和黄
色拍摄距离图标，并有焦距联动指针显示，有红色 LED 灯显示曝光情况和闪光充电
情况显示。

图 4-53　甘光牌 JG304D 型照相机细节图

卷片模式：扳手式，卷片手柄预备角度为 30°，操作角度为 140°。

计数器：顺加式计数。

自拍模式：机械式自拍装置，延迟时间 8~12 秒。

镜头：焦距为 38 mm，光圈最大为 f2.8，四片三组，加膜透镜，视场角度 59°，焦距短、景深较大，前组调焦。

滤镜尺寸：M46×0.75。

调焦方式：目视测距，物距调节圈上有距离刻度和五段图距标志，最近对焦距离 0.8 m。

闪光灯：内藏弹出式闪光灯 GN10（ISO100/m），闪光有效范围 0.8 m~3.6 m，后盖附有闪光摄影范围表。二氧化锰电池充电时间为 10 秒左右，充电完毕后，拍摄指示灯开始闪烁，取景器内红色 LED 灯也随之闪烁，不用时可复位。该款照相机有 FM 机构，低亮度使用闪光灯，光圈和摄影距离联动；高亮度使用闪光灯，可以用作辅助闪光，小光圈优先。

机体：机身、顶盖和底盖采用 ABS 精密工程塑料和先进的表面喷涂技术，全黑色机体，表面光洁，结构设计紧凑，机体大小适中（130 mm×84 mm×55 mm），整机重量为 330 g（不含电池）。

电源：两节 5 号电池（该款照相机对电池的适用范围较大，二氧化锰电池、碱性电池及镍镉电池均可使用）。最低工作电压为 2 V，当电源电压低于 2 V 时，快门自动锁定。

四、品牌记忆

取景照相机在甘肃光学仪器厂诞生并投入批量生产，结束了中国不能生产小型照相机的历史。短短五年，这种以甘光牌 JG304 型系列命名的照相机以其低廉的价格、完备的功能和优良的品质风靡全国。甘光雄厚的技术实力、高超的工艺水平和强大的生产能力以及对国家照相机工业的特殊贡献受到国家计划委员会、国务院机电部、甘肃省委、甘肃省政府和行业专家的重视。经过反复考察和论证，国家决定将"七五"计划中唯一一个照相机工业技术改造项目任务下达给甘光公司。1991 年，经过五年的艰苦努力，总投资一亿多元、年生产能力 30 万架照相机的现代化工厂及技术开发中心在兰州市拔地而起，开始与世界著名照相机厂家——日本旭光学工业株式会社合作生产具有 20 世纪 90 年代先进水平的甘光牌 JG304D 型全自动平视取景照相机。

一进入甘光工业科技大厦，就给人不同凡响之感。在这座高 10 层、面积 20 000 ㎡ 的工业大厦内，现代化照相机生产有条不紊地进行着。

工程塑料的应用使世界照相机工业发生了质的变化。这家公司从项目实施开始就瞄准世界先进水平的工艺发展趋势，把高精度模具制造和精密注塑摆在工厂建设的核心位置，投资 2 500 万元，从美国、日本精心选购了具有世界一流水平的各种程控化加工和计量设备。例如，转速为 178 转 / 分钟的美国莫尔三坐标磨床，可以加工非球面螺旋形零件的光学曲线磨床，可同时完成车、铣、钳各工序的机械加工中心，加工复杂模具型腔、型芯的高效电加工机床，测量精度为 2 μm 的直读式三维万能测量仪，人工智能化的模具辅助设计系统以及各种规格的精密注塑机 50 多台，令人目不暇接。其中，注塑车间内压铸照相机机壳的模具价值 100 万元，是由日方提供的，采用指定的国际名牌进口原料，班产 600 只机壳，每 15 分钟检查一次零件质量，如果发现有针尖大的疵点就要停产检查。交接班检验员和操作者要在零件箱的记录卡上签名并封箱入库。

镜头是照相机的眼睛，一架照相机的好坏很大程度上取决于镜头的质量。在工厂四层和五层的光学车间内，数百台进口光学设备高速运转：高速研磨机、抛光机、磨边机、镀膜机、超声波光学清洗机和各种检测仪器。为了获得高清晰度的成像质量，甘光公司照相机镜头材料全部采用高折射、低色散的进口 Lak 光学玻璃，并按生产管理模式和工艺要求加工而成。这个车间年产各种光学镜头 40 万只，按每只镜头 4 片镜片计算，年产镜片数量达 160 万片，平均每 18 秒就有一片晶莹剔透的光学镜片被装入镜头，如此高的生产效率，在国内是遥遥领先的。一只镜头除单片镜片的质量外，整体成像的解像率高低和色彩还原的逼真度，关键在于各个镜片组合后其光轴是否在同一轴心上。甘光牌照相机的镜头质量好，其奥妙正是该厂在国内最先成功地掌握了这一看似简单实则困难的高新技术，镜头质量不仅在国内遥遥领先，也受到了国际同行的赞许。

照相机是一种光机电一体化的高科技产品，电器功能是否稳定，关系着照相机的可靠程度，甘光公司在这方面同样是棋高一着。工厂配有两套从瑞典进口的当时世界上最先进的 SMT 电器线路板组合生产线，主要用于照相机电路和闪光灯系统的综合加工，它可以自动测试筛选，自动接插、贴装、焊接电器元件，自动检测整块线路板的技术参数，保证照相机的电器功能万无一失。

总装车间位于工厂的第七层。为了确保照相机的装配质量，上岗员工必须经过培训考核和确认。

在零部件投入方面，各组长要在班前领出零件放在各工位，数量必须保证准确。数量多了要开箱检查已经封箱的照相机，检查是否哪架照相机缺少零件；数量少了，则要全组查找，直到找到为止。这项管理是通过每班的"生产号机实绩报告表"实现的。

在质量控制方面，整条装配线分为若干组，每组负责 10~20 个工序，每道工序的员工必须对自己的作业质量负责。检查以作业指导书规定的要求为准，实行带电检查、自主检查、组长检查、线长抽查、主任考查，然后经整机调校后送总测试台全面检验。这项动态的质量控制是由各小组当日的"作业错误扑灭表"实现的。员工一周内出现三次同样的操作错误将被调离原岗位。

在生产管理方面，车间主任、装配线长、工序组长必须由精通责任范围内全部装配工艺的技术尖子担当，他们具有依照作业指导书指导、组织员工正确装配的能力。装配完毕第一次送交总测试台的照相机合格率必须在 95% 以上，否则全线停产查找原因，以保证入库照相机的最终合格率为 100%。

在综合管理方面，各项管理的核心就是产品品质。无论是零件生产还是部件组装，只有合格品和废品两种质量状态，一旦不良品率超过 2%，整批零件将不允许进入装配线。全厂各车间都要按规定填写本部门的"不良因素检控表""自主检查柏拉图""不良集计分析表"。

甘光 JG304 型系列照相机拍摄的照片，其成像质量几乎可以和当时的进口高档
单镜头反光照相机媲美。

五、系列产品

甘光牌 JG304C 型照相机采用 EE 电子程序快门，测光、曝光自动联控，内藏式
闪光灯及自拍装置，镜头为四片三组，焦距为 38 mm 天塞型，光圈最大为 f2.8，机
身以工程塑料制造。

甘光牌 JG304D 型照相机的附印日期装置，操作也较简单。先将取景器目镜右
侧的日期开关（DATE）置于"ON"位，再将上方的三个旋钮（从左至右分别为日、
月、年）根据需要调整。调整时可通过顶盖中央的日期显示窗观察。值得注意的是，

图 4-54　甘光牌 JG304C 型照相机多视角图

图 4-55　甘光牌 JG304D 型照相机

显示窗内的数字顺序，与调整旋钮的顺序左右相反。调好后，每拍一张底片，就能在左上角（印出照片后在右下角）记下拍摄日期。另外，在取景器右下角，增加了一个日期附印位置记号 (DATE)，其作用是让拍摄者在取景构图时就能掌握印出照片后日期记录的位置。甘光牌 JG304D 型照相机的这种日期附印功能，当时在国产照相机中还是独有的，它对于拍摄纪念照片有很强的实用价值。

这两种型号的照相机当时在市场上的零售价分别是：甘光牌 JG304C 型为 213 元；甘光牌 JG304D 型为 301 元。

第四节　其他品牌

1. 东风牌 120 照相机

20 世纪 60~70 年代，上海照相机总厂借鉴哈苏牌 500C 型照相机制造了东风牌 120 照相机。

1970 年，上海照相机总厂试制东风牌 120 照相机的目的很明确，那就是要赶超西方工业发达国家生产的同类照相机。超越哈苏牌 500C 型的技术标志是东风牌 120

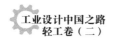

照相机具有 1/1 000 秒镜间快门，比哈苏牌 500C 型的 1/500 秒高一挡。不过，东风牌 120 照相机的所谓 1/1 000 秒镜间快门的实际速度不超过 1/750 秒，而且不能在全开光圈下获得这挡快门速度（限于当时的条件，无法造出 1/1 000 秒的镜间快门速度，于是采用限制快门动环的方法，在 1/1 000 秒速度挡时减小快门叶片的开合直径来达到实际超过 1/500 秒的快门速度，前提是标准镜头在这挡速度下的实际光圈不超过 f4）。

研制东风照相机这个项目是 1969 年正式启动的，其时正值中华人民共和国成立 20 周年，所以工厂内部将项目名称定为 6920 工程。工厂对该项目投入了大量人力、物力，因而设计试制进度相当快。试制时，金属冷冲压件采用线切割，手工弯曲修整，主体则用整块的铝合金雕出。三台试制品只花费了七八个月的时间就完成了。但是第一批试制品并没有达到 1/1 000 秒挡的快门速度。通过试制才认识到对如此大孔径的康盘镜间快门来说，要达到 1/500 秒的最高速度挡尚且十分不容易，要做到 1/1 000 秒几乎是不可能的事。

图 4-56　东风牌 120 照相机

东风牌试制品在外形和性能规格方面和哈苏牌 500C 型照相机几乎一样，只是它们有一些小地方不同。由于我们的材料、辅料、加工工艺、表面处理等都达不到工业发达国家的水平，例如，铝合金主体尽管可以不惜工本用手工打磨得十分光洁，但是表面处理层怎么也做不到像参考样品那样细腻光洁的亚光银白色，最后不得已只能做亮光处理。一旦温度较高，带胶层的黑色装饰薄膜就会蠕动走形，甚至流胶。不仅光学玻璃材料品种较少，可选择余地狭窄；而且光学设计手段落后（既没有电脑，又没有自动优化设计程序，主要靠电动计算机甚至手摇计算机），镜头的光学长度和直径比德国制镜头大得多，显得十分笨重，不过镜头的成像质量还是相当好的。

样机制成后，经过大家讨论，确定了改进设计方案：将取景器顶盖改成海鸥牌4A 型照相机那样的侧捏式，这是最快捷、最有把握的更改。海鸥牌 4A 型照相机侧捏式顶盖是仿制德国禄莱福来 (Rolleiflex) 照相机的，结构上比哈苏牌的翻盖式顶盖复杂，造型新颖，使用方便，还多了平视取景的功能，内藏一块放大镜，可以使调焦精度提高不少。由于取景顶盖是一个独立的部件，它的改动不会影响照相机的整体质量，只需将海鸥牌 4A 型照相机的取景顶盖大小尺寸及配合方面稍作修改就能装在东风牌 120 照相机上，经试用效果相当满意，使用也方便，只要拇指向上一推就能打开，拇指、食指在两侧面轻轻一捏就可关闭。

取景器顶盖改型后增加了平视取景功能，但因为东风牌 120 照相机机身后面有一个相当厚的脱卸式胶卷后背，使用平视取景时，脱卸式胶卷后背的上部会和使用者颧骨突出部分相碰撞，阻碍脸部靠近取景视孔而无法操作；只有将脱卸式胶卷后背和颧骨相碰撞的圆角部分切去才能实施平视取景操作，这才是东风照相机的最终外形。

外形改变后，仍需要获得 1/1 000 秒的速度，就只有将孔径缩小一点了。当快门速度盘从 1/500 秒推向 1/1 000 秒时，同时推动快门叶片主动环，使它转过一个小角度，此时叶片的重叠量增加了，叶片运动初期速度缓慢阶段仅仅是减小重叠量，实际上光孔没有打开，当光孔打开时，叶片运动速度已经很高了。同样，实际光孔未全部打开时，叶片已经开始关闭。用以上方法顺利地获得了 1/1 000 秒的速度，而实用孔径差不多缩小了一挡。也就是说焦距为 80 mm，光圈最大为 f2.8 的标准镜头，如果用 1/1 000 秒拍摄时，光圈只能用到 f4，即使将光圈刻度圈调节到 f2.8，也只能有 f4 的通光量，f4 以下就不受影响了。

东风牌 120 照相机共投产两批，第 1 批 30 台，第 2 批 80 台。扣除不配套的、无法装校的和不符合标准的产品以外，总的装配数量不超过 100 台。就当时我国的工业水平而言，能够制造出这样一款复杂、精巧的照相机已是十分不易，在制造过程中也学到了很多东西。

东风牌 120 照相机前后试制有银色机身和电镀机身两种，生产有配套的焦距为 50 mm、光圈最大为 f4 的广角镜头，焦距为 80 mm、光圈最大为 f2.8 的标准镜头和焦距为 150 mm、光圈最大为 f4 的中焦镜头。这款中画幅单镜头反光照相机以其极少的产量和较浓的政治色彩而极具收藏价值。

2. 长城牌 DF 型系列照相机

长城牌 DF 型系列照相机是北京照相机厂 20 世纪 70 年代开始生产的单镜头反光照相机，从 DF-2 型到 DF-5 型共出了四款照相机，除供国内市场销售外还有非常少量的产品销售到国外，还可以使用华侨券、外汇券在当时的商店或百货公司的华侨柜台购买。不同型号的几款长城 DF 型系列照相机其实变化是非常小的，DF-3 型增

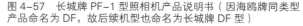

图 4-57　长城牌 PF-1 型照相机产品说明书（因海鸥牌同类型产品命名为 DF，故后续机型也命名为长城牌 DF 型）

图 4-58　长城牌 DF-2 型照相机

加了自拍功能、DF-4 型增加了闪光灯插座，而 DF-5 型则增加了自拍和闪光灯插座。另外，DF-4 型、DF-5 型有部分采用牛皮硬套包装的产品，也就是所谓的外销型，产量比较少，做工也相对好一些。

　　长城牌 DF 型系列照相机是一款结构简易的照相机，快门为翻斗式，震动非常大，快门速度也只有简易的五挡，取景器没有裂像也很暗。据说后期该厂开发了裂像屏，但还没有使用到产品里就停产了。该款镜头是四片三组的结构，在国产普通型 120 照相机里是最好的，但做工较为粗糙，镜片镀单层的蓝膜。镜头与机身没有光圈联动机构，所以取景时要全开光圈，而曝光时要收缩到预设的光圈，使用时不但非常不方便，而且极易出差错。标准镜头（M39X1）可以直接连到放大机镜头上做放大镜头使用。该款照相机除了可以拍 6×6 胶片和 645 胶片，后期还开发了 135 附件，也可以拍 135 胶片。其实北京照相机厂开发的长城牌 DF 型系列照相机可以说是比较成功的，这种照相机的优点是简单且不易出毛病。

3. 熊猫牌 DF 型照相机

　　哈尔滨电表仪器厂参考海鸥牌 DF 型照相机，于 1972 年研制生产了熊猫牌 DF 型照相机。该款照相机采用六片四组、双高斯式、焦距为 58 mm、光圈最大为 f2 的卡口镜头，反光式取景，最近对焦距离为 0.6 m；焦平面帘幕式快门，快门速

图 4-59　熊猫牌 DF 型照相机

度为 B、1~1/1 000 秒，共 13 挡；内藏式计数器，后盖开启钮在机身底部，后盖开启后计数器复零；设有 X 及 FP 两种插孔，并带有机械自拍装置。整机尺寸为 151 mm×99 mm×98 mm，重量为 1 050 g。

该款照相机有两种款式，首批生产的照相机顶部凹刻有熊猫吃竹子的图案，机身左侧英文字母为手书体。后期生产的照相机取消了机顶图案，机身左侧英文字母亦改为大写体。从总体看，熊猫牌 DF 型照相机质量一般，快门返修率高，总产量不多，首批产品更少。

4. 孔雀牌 DF 型系列照相机

孔雀牌 DF-Ⅰ型型照相机是哈尔滨电表仪器厂于 1977 年生产的。该款照相机为全金属制造，机械帘幕式快门，快门速度为 B、1~1/1 000 秒，共 12 挡，设有 X、FP 连闪机构；镜头焦距为 58 mm，光圈最大为 f2，7 级光圈；快速扳把式卷片，倒片为翻转式摇把，提拉摇把可打开后盖，顺算式计数器，开后盖自动归零；机械自拍器，屋脊式五棱镜，中心裂像取景对焦。由于机体坚固，质量稳定，在 1982 年 1 月全国照相机评比中名列第二。孔雀牌 DF-Ⅱ型照相机为出口机型，它是在孔雀牌 DF-Ⅰ

图 4-60　孔雀牌 DF-Ⅰ型照相机

图 4-61 孔雀牌 DF 型照相机细节图

型照相机的基础上改进而成的。该款照相机的镜头焦距为 50mm；光圈最大为 f1.8，取消了景深预测功能，卷片角度加大，闪光灯插座增加了热靴触点。孔雀牌 DF-Ⅱ型照相机的各种功能与 DF-Ⅰ型照相机基本相同。

5. 晨光牌系列照相机

天津照相机厂于 1959 年 9 月研制生产了晨光牌 135 照相机。该款照相机为焦平面帘幕快门，快门速度为 1/1 500 秒，超过了世界先进照相机 1/1 000 秒的最高速度，配焦距为 52 mm、光圈最大为 f1.4 的标准镜头，44 mm×1 mm 螺口式，自动收缩光圈，设有自动曝光表。但直到 1962 年初，该款照相机才投入小批量生产。各种零件均以手工加工，工艺较为粗糙，性能难以保证，很快就停产了。

1962 年，天津照相机厂对晨光牌照相机的设计图纸进行修改，于同年 6 月生产出了晨光牌 621 型单镜头反光照相机，在晨光铭牌下方标有"Chenguang 621"字样。

图 4-62　晨光牌 135 照相机

"621"表示该款照相机是天津照相机厂 1962 年推出的第一台照相机。该款照相机的快门速度为 B、1/30~1/1 000 秒，取消了慢速挡和 1/1 500 秒高速挡，镜头焦距为 50 mm，光圈最大为 f1.7，44 mm×1 mm 螺口式，闪光灯同步线插孔设在机身右侧，计数器设在快门扳手轴心上方，回片轮下设有胶片感光度指示盘。该款单镜头反光照相机也被称为晨光牌 II 型照相机。

1963 年，天津照相机厂在晨光牌 621 型单镜头反光照相机的基础上，又推出了晨光牌 DI 型照相机，属于普及型。快门速度为 B、1/30~1/500 秒。镜头焦距为 50 mm，光圈分别为 f2.8 和 f3.5，其他功能与晨光牌 621 型单镜头反光照相机相同，尺寸为 145 mm×87 mm×85 mm，重量为 530 g。该款照相机为晨光牌 III 型照相机，并根据镜头孔径的不同，称光圈最大为 f2.8 的照相机为晨光牌 III A 型；称光圈最大为 f3.5 的照相机为晨光牌 III B 型。晨光牌系列照相机的总产量不足 200 台。

参考文献

[1] 釜池光夫，张福昌，李勇 . 汽车设计——历史·实务·教育·理论 [M]. 北京：清华大学出版社，
 2010.

[2] 陆田三郎 . 中国古典相机故事 [M]. 井岗路，译 . 北京：中国摄影出版社，2009.

[3] 庄克明 . 中国照相机 [M]. 银川：宁夏人民出版社，2006.

[4] 《照相机》杂志社 . 国产照相机修理大全 [M]. 杭州：浙江科学技术出版社，1988.

[5] 陈启培，孙晶璋 . 电子照相机 [M]. 上海：上海科学技术文献出版社，1982.

[6] 童康源 . "凤凰"的三个纪念型照相机 [J]. 照相机，2000(1):16-17.

[7] 童康源 . 凤凰光学推出 150 万像素轻便型数码照相机 [J]. 照相机，2000(1):17.

[8] 许宗馨 . 凤凰 PH280 小迷你 [J]. 照相机，2000(2):27.

[9] 童康源 . "凤凰——潘福莱克斯" 120 旋转镜头式照相机 [J]. 照相机，2000(3):23.

[10] 韦超 . 再看海鸥 4B1[J]. 照相机，2000(4):29.

[11] 江凤昌 . 凤凰光学的平视取景照相机 [J]. 照相机，2000(5): 16-17.

[12] 江凤昌 . 凤凰光学的 "钢片快门" 照相机 [J]. 照相机，2000(6):12-13.

[13] 许宗馨 . 试用凤凰 KE100[J]. 照相机，2000(6):41-42.

[14] 许宗馨 . 愿凤凰翱翔环宇 [J]. 照相机，2000(8):26-27.

[15] 平旦夫 . 我与珠江 S-201[J]. 照相机，2000(10):27-28.

[16] 掇雪 . 也说说东风照相机 [J]. 照相机，2000(10):34.

[17] 史焕 . 电子闪光灯的技术发展 [J]. 照相机，1995(3):13-17.

[18] 佚名 . 精品新一族——甘光照相机生产见闻录 [J]. 照相机，1995(1):12-14.

[19] 宋一凡 . 值得珍藏的国产照相机 [J]. 照相机，1990(5):16.

[20] 杨宗雄 . 海鸥 DF-200 照相机 [J]. 照相机，1997(3):14.

[21] 岳正武 . 从尼康 FM2 和凤凰 DC-303KE 说起 [J]. 照相机，1997(3):19-20.

[22] 周烈锭 . 国产照相机质量状况及占领市场问题的初步探讨 [J]. 照相机，1995(8):4-7.

[23] 卢月珠. 迎来又一个照相机的盛会——第六届中国照相机械产品博览会见闻之一 [J]. 照相机，
      1995(6):4-5, 7.

[24] 虞若飞. 海鸥、尼康与紫菜汤 [J]. 照相机，1995(7):34.

[25] 金虎仁. 谈谈国产 135 单反机 [J]. 照相机，1995(7):19.

[26] 林绍卿. 海鸥 f28—70mm、F3.5—4.5 变焦距镜头 [J]. 照相机，1995(7):12-13.

[27] 宋锦华. 智能相机好帮手——用途广泛的银燕 BY-24IS 物柄式周步闪光灯 [J]. 照相机，1995(7):18.

[28] 佚名. 成功之路——记苏州虎丘照相器材厂 [J]. 照相机，1994(5):9-10.

[29] 楼樟圆. 石狮照相机市场考察与随想 [J]. 照相机，1994(5):13-14.

[30] 廖开方. 华厦 841 使用体会 [J]. 照相机，1994(5):37.

[31] 谢梅. 照相机的市场营销 [J]. 照相机，1995(4):26-29.

[32] 俞琪源. 喜见我国相机工艺在进步 [J]. 照相机，1990(6):12-13.

[33] 刘路. 珠江 S-207 与潘太克斯 K1000 照相机 [J]. 照相机，1990(6):27-28.

[34] 王一凡. 开发新产品求发展，提高质量求生存：苏州照相机总厂走出平销低谷 [J]. 照相机，1989(2):
      21-21.

[35] 赵振世. 红梅 EF 电子程序快门照相机 [J]. 照相机，1985(5):18-21.

[36] 徐京鹄. 国产照相机的产销情况 [J]. 照相机，1985(5):48.

[37] 孙逸馨. 海鸥 DF-200 型单镜头反光照相机 [J]. 照相机，1995(5):7.

[38] 佚名. 我国照相机工业的现状及发展趋势 [J]. 照相机，1994(2):4-9.

[39] 董晓炜. 换个角度看问题：国产相机与家电的市场比较 [J]. 照相机，1996(6):18-19.

[40] 尤子文. 海鸥 DF-300X, 市场需要广告 [J]. 照相机，1996(6):21.

[41] 何哲时. 海鸥 DF 型照相机工作原理及维修 [J]. 照相机，1981(1):60-69.

[42] 河野澈，吴启海. 一个日本人自述 (3): 中国单反相机海鸥 DF 和珠江 S-201[J]. 照相机，2004(12):57-
      59.

[43] 王炳金 . 企盼新型珠江单反相机 [J]. 照相机 , 2003(8):33–34.

[44] 忻秀珍 . 在共和国里诞生的照相机 (上)[J]. 照相机 , 2009(11):59–65.

参考文献

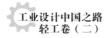

后
记

本卷以照相机产品为唯一内容，既体现出照相机产品技术的复杂性，也体现出照相机产品设计价值创造的特殊性，前者以"精密"为基础，后者以"形态""材质"为载体。

中国照相机产品的设计发展可以说是深度学习、移植西方现代主义设计思想的过程，其中集成技术与创造产品价值并举，充分回应了时代的需求。

本卷在编写过程中得到了许多行业前辈的关注与帮助，在此感谢提供资料和帮助的朋友们，特别要感谢原上海照相机总厂总工程师孙敬彰先生为我们提供了许多第一手的资料，使书中的记叙更为贴合当时的设计特性。还要感谢中国工业设计博物馆提供了藏品实物，特别是沈榆先生提供的产品实物多是他曾经使用过的照相机，而引导他走上中国照相器材"发烧"之路的是原上海市工艺美术学校的张苏中老师。张苏中不仅教会了沈榆许多操作技巧，还让他初识了产品的结构之"理"与结构之"美"，正是这种"人机合一"的经历，确立了本卷写作的基本特点。伴随沈榆声情并茂的讲解，沉睡在陈旧文献中的史料慢慢被唤醒，大量珍贵文献的价值被重新确定。需要感谢的还有一位沉默寡言的工程师余昀先生，他是20世纪50年代上海机械学院的毕业生，曾经任职甘肃光学仪器厂，见证了工厂的兴衰与荣辱，他为我们写作相关内容提供了重要的线索和产品实物。华东师范大学设计学院毛溪副教授早期携杭州高氏照相机收藏馆的高继生、高峻岭先生为写作本卷内容收集、整理部分资料，同时华东师范大学设计学院的学生们还绘制了部分产品结构示意图，在此一并表示感谢。

通过本卷内容，我们希望向中国照相机产品爱好者以及关注中国工业设计史研究的学者提供关于中国照相机技术的演变历程和与之相伴的设计探索成果。在信息化、数字化的今天，即使手机的照相功能已经部分替代了原来的照相机功能，但本卷作为中国照相机产品设计相对完整的资料记载，能够为今后中国工业设计的发展提供借鉴和反思。限于我们的研究水平，本卷存在着许多不足，恳请行业专家以及广大读者提出宝贵意见或建议，支持我们在中国工业设计史研究的路上继续前行。

后记

俞海波

2016 年 9 月